吕梁市
有机旱作农业生产技术规程

牛建中　主编

中国农业出版社

农村读物出版社

北　京

2017年6月21—23日，习近平总书记在视察山西时指出："有机旱作是山西农业的一大传统技术特色，山西少雨缺水，要保护生态、节水发展，要坚持走有机旱作农业的路子，完善有机旱作农业技术体系，使有机旱作农业成为我国现代农业的重要品牌。"

本 书 编 委 会

序

吕梁市地处黄土高原腹地，是中华农耕文明重要发源地之一，是以旱作农业为主的市域之一。目前，全市耕地面积稳定在 45.6 万 hm^2 左右，其中旱地达到了 38.93 万 hm^2，占耕地总面积 85% 左右，靠天吃饭的局面没有根本性改变。面对干旱少雨、水资源短缺的自然环境，广大劳动人民在长期的生产实践中，在施用有机肥、精耕细作、轮作养地、保持水土为特色的旱作农业传统的基础上，成功研发推广了抗旱丰产沟技术、全膜多垄沟技术等，引进了渗水地膜覆盖种植技术、全生物降解渗水地膜覆盖种植技术、少耕穴灌聚肥节水技术、水肥一体化膜下滴灌技术等，通过研发、引进、推广新技术，充分挖掘了自然降水与农作物用水的时空集合，有效抵御了干旱，充分利用了农作物种植—秸秆—畜禽养殖—畜禽粪便—肥料—农作物种植等上下游互逆的循环链，保障了耕地永续利用，孕育出杂粮、红枣、核桃、陈醋等众多优质特色产品，促进了特色农业不断发展。新的历史阶段，吕梁市农业农村发展不断迈上新台阶，由传统农业加快向现代农业转变，正在由单纯追求数量、过度依赖资源消耗的高强度、粗放式的生产方式，向追求绿色生态、更加注重满足质的需求转变。资源约束收紧、农业可持续发展缓慢、生产组织方式不适应、现代技术装备配套滞后、特色产业发展不足、农产品竞争力弱的诸多困难都亟待得到破解。

习近平总书记在视察山西时对山西省有机旱作农业生产技术予以充分肯定。他指出："有机旱作是山西农业的一大传统技术特色，山西少雨缺水，要保护生态、节水发展，要坚持走有机旱作农业的路子，完善有机旱作农业技术体系，使有机旱作农业成为我国现代农业的重要品牌。"习近平总书记的重要讲话，以贯通古今的宏大视野，高屋建瓴阐释了新时期山西省加快发展有机旱作农业的重大意义，赋予了有机旱作农业新的内涵，就是"注重农业与生态环境的关系，坚持生态优先、绿色发展理念，控制化学品投入，增加有机肥投入，防治面源污染，推动节水发展，提高农业水资源利用率和生产率，保障农产品质量安全和有效供给，实现农业与生态环境协调发展"。中共山西省委十一届四次全会和《中共山西省委关于全面贯彻落实习近平总书记考察调研山西重要指示精神的实施意见》专门就落实习总书记视察山西讲话精神，在山西省走好有机旱作农业路子，加快发展农业现代化作出了重要部署。2017 年 7 月 11 日，吕梁市政府办公厅在山西省率先印发了《关于大力发展有机旱作农业的指导意见》，进一步明确发展思路、目标、任务、重点、主攻方向、技术路线和政策措施。

　　落实好习总书记重要讲话精神，走好有机旱作农业路子，是吕梁市推进全省农业供给侧结构性改革、加快发展农业现代化的重大任务，是吕梁市当前及今后一段时期"三农"工作的重中之重。坚持不懈走好吕梁市有机旱作农业路子，加快发展现代特色农业，是改善农业发展基础条件、提高农业综合生产能力的有效手段；是加快转变吕梁市农业发展方式、实现环境友好绿色发展的重要途径；是推进农业供给侧结构性改革、培育发展新动能的重要抓手；是针对与旱作农业区高度重叠的脱贫地区实施乡村产业振兴、因地制宜发展有机旱作农业的一条好路子。发展有机旱作农业，就是让地越种越肥，越种越健康，水、土、肥等资源高效利用，生产的农产品绿色优质，实现生产与生态共赢。2021年，吕梁市农业农村局在吕梁市政府的大力支持下组织本局技术人员在反复调研、论证的基础上，先后制订、修订了30个地方标准、28幅操作流程图，汇编成《吕梁市有机旱作农业生产技术规程》。本书在充分利用现有旱作节水农业技术基础上，进行绿色升级改造；针对土、肥、水、种、膜、农药、机械等核心要素，围绕耕地质量提升、健康土壤培养、资源高效利用等开展关键技术攻关，并进行技术集成，初步形成了旱塬区标准化有机旱作农业生产技术体系。本书的出版发行，必将为今后较长时期引领指导吕梁市有机旱作农业标准化、科学化、规模化、机械化、品牌化生产发挥巨大作用。

2022 年 11 月

前　　言

　　吕梁市位于东南湿润区向西北干旱区过渡的边缘地带,是夏季季风影响时间最短的地区,一般仅限于 7—8 月,因而降雨特点为少而集中,季节分配不均。全市旱塬区平均年降水量 500 mm 左右,夏季降水量占全年降水量的 60%,秋季占23%,冬春两季分别占 3% 和 14%,因而形成了冬无雪、春无雨的干旱气候特征。2009 年至 2020 年春季,吕梁市遭遇 4 次特大干旱,干土层达到 20～30 cm,导致春播作物无法下种。近 100 年,吕梁市的干旱频率增加了近 5 倍,是全国缺水最严重的区域之一。今后,随着工业和城乡建设的发展,农业用水不可能有大的增加,只有通过节水灌溉向深度开发。山西省农业灌溉水利用系数仅为 0.4 左右,有60% 左右水量在输水、配水和田间灌水过程中浪费,因此,发展节水灌溉和雨水集蓄及高效利用技术,尚有较大的利用空间,且有潜力可挖。

　　吕梁市化肥施用量从 2015 年的 10.22 万 t 降至 2020 年的 6.336 8 万 t,化肥利用率由 37.5% 提高到 40%;有机肥资源总量约为 626.42 万 t,利用率不足40%。吕梁市秸秆总量为 160 万 t/年,全市"十三五"末期秸秆综合利用率达到了87%,其中肥料化利用率仅 30%,与全国肥料化利用率占主导平均水平尚差 10 个百分点,且发展很不平衡。总体来讲,吕梁市化肥使用量偏大、施肥不均衡现象突出,化肥与有机肥施用比例不协调,有机肥资源利用率低,施肥结构不合理。重化肥、轻有机肥,重大量元素肥料、轻中微量元素肥料,重氮肥、轻磷钾肥"三重三轻"问题突出。特别是农家肥不经腐熟入田,重金属、生物激素等对土壤慢性污染加重,传统人工施肥方式仍然占主导地位,化肥撒施、表施现象依然存在。耕层浅、肥力低、作物耐旱抗倒伏能力差。2019 年,吕梁市土壤有机质平均含量 11.92 g/kg、全氮平均含量 0.07 g/kg、有效磷平均含量 11.82 mg/kg、速效钾平均含量138.54 mg/kg。虽然全市耕地土壤有机质平均含量超过 10 g/kg,但极不平衡,山区 9 县除交口县外,其余 8 个县仍然处于 10 g/kg 以下;耕作层厚度 12～16 cm、耕层容重 1.2～1.5 g/cm³。目前,全市耕地地力平均为 7.87 等,低于山西省平均水平。长期使用超微膜,随覆膜年限的增加,残膜量大幅增加,对土壤环境的影响也越来越大。

　　吕梁市 2020 年常住人口为 339.84 万人,其中,城镇人口为 181.18 万人,乡村人口为 158.66 万人。农村青壮劳动力外出务工,从事农业生产工作的人员趋于老龄化,有待提升农业从业者技术水平。近年来,吕梁市农业的生产条件有所改善,农业机械化总动力呈上升趋势。2020 年,农业机械总动力较 2017 年增加了

23.11 万 kW，机收面积也增加至 16.47 万 hm²，然而整体农业机械化仍处于较低的水平。农药使用量从 2017 年 743.6 t/年降至 2020 年 654.7 t/年，实现了负增长。

本书以制约生产不利因素及有机旱作农业的内涵为切入点，结合国家黄河流域高质量发展战略，在各行业专家、学者、生产一线的农技人员多年实践的基础上，充分吸纳国内外先进技术，经过多次调研、反复论证编写而成。本书内容有助于解决生产中存在的许多问题，使土地越种越肥，水、肥资源利用率和生产效率逐步提高，地膜降解或回收比例提升，从事高强度农业生产的农户得到充分解放，农产品质量显著提高。本书的出版得到山西省农业农村厅、山西省农业大学、山西省农业科学院等单位专家的大力支持和指导，在此衷心感谢！

本着忠于原稿的原则，除明显差错外，未对书中规程的格式、内容做大的修改。由于编写水平有限，疏漏之处在所难免，敬请读者批评指正，以便在实践中日臻完善。

编　者

2022 年 11 月

目　录

ICS 65.020
CCS B05

DB1411

吕 梁 市 地 方 标 准

DB1411/T 51—2022

秸秆根茬还田技术规程

2022-11-16 发布　　　　　　　　　　　　　　　　2022-11-16 实施

吕梁市市场监督管理局 发布

前　言

本文件按照 GB/T 1.1—2020《标准化工作导则　第 1 部分：标准化文件的结构和起草规则》的规定起草。

请注意本文件的某些内容可能涉及专利。本文件的发布机构不承担识别专利的责任。

本文件由吕梁市农业农村局提出，组织实施和监督检查。

吕梁市市场监督管理局对标准的组织实施情况进行监督检查。

本文件由吕梁市农业标准化技术委员会归口。

本文件起草单位：吕梁市农业农村局（吕梁市土壤肥料工作站）。

本文件主要起草人：牛建中、杨景泉、张晓玲、王五虎、齐晶晶、陈绥远、梁锦涛、刘勇。

秸秆根茬还田技术规程

1 范围

本文件规定了秸秆根茬还田技术的术语和定义、作业、安全要求。

本文件适用于吕梁市玉米、高粱、小麦、谷子等禾本科作物秸秆根茬还田机械化作业。

2 规范性引用文件

下列文件中的内容通过文中的规范性引用而构成本文件必不可少的条款。其中,注日期的引用文件,仅该日期对应的版本适用于本文件;不注日期的引用文件,其最新版本(包括所有的修改单)适用于本文件。

GB/T 5262—2008　农业机械试验条件测定方法的一般规定

GB 10395.1　农林机械安全　第 1 部分:总则

GB/T 24675.5—2021　保护性耕作机械　第 5 部分:根茬粉碎还田机

JB/T 8401.3　根茬粉碎还田机

NY/T 985　根茬粉碎还田机　作业质量

3 术语和定义

下列术语和定义适用于本文件。

3.1

秸秆根茬还田

秸秆离田后,将根茬及残余秸秆粉碎并与土壤均匀混合,应符合 NY/T 985 的要求。

4 作业

4.1 作业准备

4.1.1 选地

选择平作地或垄作地,坡度≤5°,土壤绝对含水率≤25%,玉米、高粱等高秆作物留茬高度 20 cm～30 cm,小麦、谷子等低秆作物留茬高度 10 cm～15 cm。

4.1.2 作业时期和机具

作业前应根据环境条件、耕种农艺要求和作业习惯,确定合适的作业时期和根茬还田机具,根茬粉碎还田机应符合 GB/T 24675.5 的要求。

4.1.3 机具的维护和保养

根据机具使用说明书要求,进行保养和调整。检查配套机具与动力机械连接情况和安全防护装置,确保机具运行安全可靠。

4.1.4 作业道路条件

作业前查看和清除通向田间作业道路、桥梁上的障碍物,不能清除的障碍物加提示标志。

4.2 作业实施

4.2.1 作业时期

平川区宜在收获后,丘陵区宜在下茬作物播种前实施根茬粉碎还田。

4.2.2 作业质量要求

作物收获秸秆离田后,利用根茬粉碎还田机,进行旋耕灭茬粉碎作业。在 4.1.1 规定的作业条件下,机械应符合 JB/T 8401.3 的要求。秸秆根茬还田作业质量指标应符合表 1 的要求。

表 1 作业质量指标

序号	检测项目名称	质量指标要求	检测方法对应的条款号
1	灭茬深度,cm	≥7	4.4.1
2	灭茬深度稳定性,%	≥85	4.4.1
3	根茬粉碎率,%	≥90	4.4.2

4.3 检测方法

4.3.1 检测前准备和检测时机确定

4.3.1.1 检测用仪器、设备需检查校正,计量器具应在规定的有效检定周期内。

4.3.1.2 一般应在作业地块现场正常作业或作业完成后立即进行。

4.3.2 测区和测点的确定

4.3.2.1 试验地长度不少于 50 m,预备区和停车区长度不少于 10 m,宽度不少于根茬粉碎还田机工作幅宽的 6 倍。在田间作业范围内,沿地块长、宽方向的中点连十字线,将地块分为 4 块,随机选取对角的 2 块地作为 2 个测区,所选取的地块都作为独立的测区,分别检测。

4.3.2.2 每个测区的测点按照 GB/T 5262—2008 规定的五点法进行。

4.4 作业条件测定

4.4.1 坡度按照 GB/T 5262—2008 中 6.3 的规定进行测定。

4.4.2 土壤绝对含水率按照 GB/T 5262—2008 中的 7.2.1 的规定进行测定。

4.4.3 根茬高度按照 GB/T 24675.5 中 7.1.2.5 的规定进行测定。

4.4.4 根茬含水率按照 GB/T 24675.5 中 7.1.2.6 的规定进行测定。

4.5 作业质量检测

4.5.1 灭茬深度、灭茬深度稳定性

测定时沿机组前进方向在 2 个测区内,各测定 1 个作业行程。每隔 2 m 测定 1 个点,每个作业行程左、右各测 10 个点。垄作时,以垄顶线为基准。按式(1)计算灭茬深度平均值。

$$a = \frac{\sum\limits_{i=1}^{n} a_i}{n} \quad\cdots\cdots\cdots\cdots\cdots\cdots\cdots\cdots\cdots\cdots\cdots\cdots\quad (1)$$

式中:

a——灭茬深度平均值的数值,单位为厘米(cm);

a_i——测点灭茬深度值的数值,单位为厘米(cm);

n——测定点数。

按式(2)～式(4)计算灭茬深度标准差、灭茬深度变异率和灭茬深度稳定性。

$$s = \sqrt{\frac{\sum\limits_{i=1}^{n} (a_i - a)^2}{n-1}} \quad\cdots\cdots\cdots\cdots\cdots\cdots\cdots\quad (2)$$

$$\upsilon = \frac{s}{a} \times 100 \quad\cdots\cdots\cdots\cdots\cdots\cdots\cdots\cdots\cdots\quad (3)$$

$$u = 1 - \upsilon \quad\cdots\cdots\cdots\cdots\cdots\cdots\cdots\cdots\cdots\cdots\quad (4)$$

式中:

s——灭茬深度标准差的数值,单位为厘米(cm);

υ——灭茬深度变异率的数值,单位为百分号(%);

u——灭茬深度稳定性的数值,单位为百分号(%)。

4.5.2 根茬粉碎率

在每个测区内，按照五点法，每个测点选取 1 个工作幅宽×1 m 的面积，测定地表和灭茬深度范围内所有根茬的质量和其中合格根茬的质量（合格根茬长度不大于 50 mm，不包括须根长度），按式（5）计算根茬粉碎率。

$$F_g = \frac{\sum \dfrac{M_h}{M_z}}{5} \times 100 \cdots\cdots\cdots\cdots\cdots\cdots\cdots \text{（5）}$$

式中：

F_g——根茬粉碎率的数值，单位为百分号（%）；

M_h——合格根茬质量的数值，单位为克（g）；

M_z——总根茬质量的数值，单位为克（g）。

4.6 检验规则

检验规则按照 NY/T 985 中 6 的规定执行。

5 安全要求

5.1 动力机械和机具安全应符合 GB 10395.1 的要求。选择的配套动力机械应满足作业机具动力要求。

5.2 操作人员应接受过机具操作技能培训和安全教育，能够熟练操作作业机具，熟悉安全注意事项，驾驶拖拉机的操作人员应取得相应的资格。

作业时应严格按照机具使用说明书的要求进行操作，特别应注意安全标志警示内容。

ICS 65.020.20
CCS B16

DB1411

吕 梁 市 地 方 标 准

DB1411/T 48—2022

小麦病虫害绿色防控技术规程

2022-11-16 发布   2022-11-16 实施

吕梁市市场监督管理局 发布

前　　言

本文件按照 GB/T 1.1—2020《标准化工作导则　第 1 部分：标准化文件的结构和起草规则》的规定
起草。

请注意本文件的某些内容可能涉及专利。本文件的发布机构不承担识别专利的责任。

本文件由吕梁市农业农村局提出，组织实施和监督检查。

吕梁市市场监督管理局对标准的组织实施情况进行监督检查。

本文件由吕梁市农业标准化技术委员会归口。

本文件起草单位：吕梁市农业农村局（吕梁市植物保护植物检疫站）、孝义市现代农业发展服务中心。

本文件主要起草人：白秀娥、高燕平、韩瑞亭、任建全、李志蓉、王晋斐、牛峰、孙超超、白育铭、刘佳薇。

小麦病虫害绿色防控技术规程

1 范围

本文件规定了小麦病虫害绿色防控的术语和定义、防控原则、防控对象及防控技术。

本文件适用于吕梁市小麦主要病虫草害绿色防控。

2 规范性引用文件

下列文件中的内容通过文中的规范性引用而构成本文件必不可少的条款。其中,注日期的引用文件,仅该日期对应的版本适用于本文件;不注日期的引用文件,其最新版本(包括所有的修改单)适用于本文件。

GB/T 8321(所有部分) 农药合理使用准则

GB/T 15671 农作物薄膜包衣种子技术条件

NY/T 496 肥料合理使用准则 通则

NY/T 1276 农药安全使用规范 总则

NY/T 1997 除草剂安全使用技术规范 通则

3 术语和定义

3.1

绿色防控

采用生态调控、农业防治、生物防治、理化诱控和科学用药等技术和方法,将病虫害危害损失控制在允许水平,并实现农产品质量安全的植物保护措施。

3.2

一喷三防

在小麦生长中后期,根据病虫发生情况,叶面喷施杀虫剂、杀菌剂、植物生长调节剂、叶面肥等混配液,通过一次施药达到防病治虫、抗干热风、防早衰的目的。

3.3

安全间隔期

小麦最后一次施药距离收割的间隔天数。

4 防控原则

贯彻"预防为主、综合防治"的植保方针,以农业防治为基础,通过理化诱控、生物防治以及科学用药等措施的综合应用,有效控制病虫危害,确保小麦产量和品质安全。

5 防控对象

a) 主要病害:白粉病、锈病、纹枯病、黑穗病、黄矮病、茎基腐病等;

b) 主要虫害:麦蚜、麦蜘蛛、地下害虫、麦叶蜂、黏虫等;

c) 主要草害:播娘蒿、离子芥、荠菜、藜、婆婆纳、看麦娘、雀麦、稗草等。

6 防控技术

6.1 农业防治

6.1.1 品种选择

选择适宜当地种植的丰产性好、抗倒伏、抗(耐)病虫的优良品种,并做好品种的合理布局,防止品种单一化。

6.1.2 合理轮作

在土传病害严重发生区，与豆类、花生、蔬菜、油料等非寄主作物轮作或间作 3 年～5 年。

6.1.3 播前整地

及时精细整地，秸秆还田应切细粉碎、深耕掩埋、耙耱压实。应间隔 2 年～3 年深耕 1 次，耕深 25 cm～35 cm，减少田间虫菌源及杂草基数。

6.1.4 适期播种

播种时期根据墒情，采取适期晚播，减轻苗期病害。根据品种特性和地力条件合理密植。宜采用宽窄行栽培，增加田间通风和透光度。

6.1.5 科学施肥

实施测土配方施肥，避免偏施氮肥，注意补充钾肥、锌肥。增施腐熟有机肥和生物肥，并加入适量生防菌，增强植株抗病性。肥料使用应符合 NY/T 496 的要求。

6.2 物理防治

6.2.1 灯光诱杀

铜绿丽金龟、暗黑鳃金龟、叩头甲等发生严重区域，于 6 月下旬至 7 月下旬每 3 hm^2～4 hm^2 设置 1 台杀虫灯诱杀成虫，降低田间落卵量。

6.2.2 黄板诱杀

小麦拔节后至扬花前，每 667 m^2 均匀悬挂大约 30 张黄板诱杀有翅蚜。应选择双面黄板，竖向挂置，悬挂方向以板面向东西方向为宜，高出小麦冠层约 20 cm，随植株长高需及时调整，当黄板上黏虫的面积达到板表面积的 60％以上时更换。

6.3 生物防治

6.3.1 保护利用天敌

当田间天敌与蚜虫比值大于 1：120 或僵蚜率达到 30％时，以利用天敌防治为主；当天敌不能控制麦蚜时，应立即开展药剂防治，优先使用生物农药。

6.3.2 生物药剂防治

小麦纹枯病可选用木霉菌、井冈霉素、多抗霉素等生物药剂进行防治；小麦白粉病可选用枯草芽孢杆菌、多抗霉素、蛇床子素、四霉素等进行防治；小麦锈病可选用枯草芽孢杆菌、嘧啶核苷类抗菌素等进行防治；蚜虫可选用苦参碱、金龟子绿僵菌、球孢白僵菌、耳霉菌等生物药剂进行防治。

6.4 化学防治

6.4.1 药剂选择

农药使用应符合 GB/T 8321 和 NY/T 1276 的要求。优先选用生物农药，选用高效、低毒、低残留、环境友好型农药。严格按照农药标签或产品说明书推荐的剂量使用，严格遵守农药使用安全操作规程，执行安全间隔期，提倡不同作用机理的农药交替轮换使用和合理混用。小麦主要病虫草害常用农药使用方法见附录 A。

6.4.2 防治指标

a) 小麦白粉病：病茎率≥15％或病叶率≥5％；

b) 小麦纹枯病：病株率≥10％；

c) 小麦条锈病：病叶率 0.5％～1％；

d) 小麦叶锈病：病叶率≥5％；

e) 麦蚜：百株蚜量 500 头、益害比＜1：120；

f) 麦蜘蛛：苗期 33 cm 单行有虫 200 头；

g) 地下害虫：危害死苗率≥3％。

6.4.3 技术要点

a) 播前实施种子处理,防治地下害虫和黑穗病、茎基腐病等土传病害,种子包衣应符合 GB/T 15671 的要求。在多种地下害虫混合发生区或单独种类严重发生区要采用土壤处理进行防治,提倡局部施药和施用颗粒剂,随耕翻施入土中;

b) 小麦返青后拔节前及时开展化学除草,除草剂使用按照 NY/T 1997 的规定执行,小麦全生育期化学除草最多 1 次;

c) 小麦拔节孕穗期注意防治麦蚜、麦蜘蛛、麦叶蜂、白粉病、锈病、纹枯病、黄矮病等;

d) 小麦抽穗至灌浆生长中后期根据麦田虫害、病害及高温发生情况,合理选择杀虫剂、杀菌剂、植物生长调节剂、叶面肥等,实施"一喷三防"措施。

附　录　A
（资料性）
小麦主要病虫草害常用农药使用方法

小麦主要病虫草害常用农药使用方法见表 A.1。

表 A.1　小麦主要病虫草害常用农药使用方法

防治对象	药剂名称	用药量[每 667 m²（喷雾、沟施、灌根）或 100 kg 种子（拌种、种子包衣）或稀释倍数]	施药方式	最多使用次数	安全间隔期,d
白粉病	33％多·酮可湿性粉剂	0.2 kg～0.3 kg	拌种	—	—
	15％三唑酮可湿性粉剂	60 g～80 g	喷雾	2	20
	12.5％烯唑醇可湿性粉剂	32 g～64 g		2	35
	12.5％粉唑醇悬浮剂	30 mL～60 mL		3	21
锈病	4％嘧啶核苷类抗菌素水剂	400 倍液	喷雾	3	7
	15％三唑酮可湿性粉剂	60 g～80 g		2	20
	12.5％氟环唑悬浮剂	45 mL～60 mL		2	30
	250 g/L 丙环唑乳油	30 mL～40 mL		2	28
纹枯病	25 g/L 咯菌腈悬浮剂	168 mL～200 mL	种子包衣	—	—
	24％井冈霉素水剂	37.5 mL～50 mL	喷雾	—	14
	3％多抗霉素可湿性粉剂	150 倍液～300 倍液		2	—
	240 g/L 噻呋酰胺悬浮剂	15 mL～20 mL		1	21
	30％苯甲·丙环唑乳油	15 mL～20 mL		2	28
黑穗病	27％苯醚·咯·噻虫种子处理悬浮剂	400 mL～600 mL	种子包衣	—	—
	3％苯醚甲环唑种子处理悬浮剂	200 mL～300 mL		—	—
	25 g/L 灭菌唑种子处理悬浮剂	100 mL～200 mL		—	—
病毒病	0.06％甾烯醇微乳剂	30 mL～40 mL	喷雾	2	
地下害虫	600 g/L 噻虫胺·吡虫啉种子处理悬浮剂	400 mL～600 mL	种子包衣	—	—
	27％苯醚·咯·噻虫种子处理悬浮剂	400 mL～600 mL		—	—
	17％克·酮·多菌灵悬浮种衣剂	1 667 g～2 000 g		—	—
	3％辛硫磷颗粒剂	3 000 g～4 000 g	沟施	—	—
	20％毒死蜱微囊悬浮剂	550 g～650 g	灌根	2	20
蚜虫	0.5％苦参碱水剂	60 mL～90 mL	喷雾	—	3
	15％噻虫·高氯氟悬浮剂	6 mL～9 mL		2	21
	10％吡虫啉可湿性粉剂	30 g～40 g		1	14
	5％啶虫脒乳油	24 mL～30 mL		2	14
	50％抗蚜威可湿性粉剂	15 g～20 g		2	14
	25％吡蚜酮可湿性粉剂	15 g～20 g		2	30

表 A.1（续）

防治对象	药剂名称	用药量[每667 m²（喷雾、沟施、灌根）或100 kg种子（拌种、种子包衣）或稀释倍数]	施药方式	最多使用次数	安全间隔期，d
麦蜘蛛	5％阿维菌素悬浮剂	4 mL～8 mL	喷雾	2	14
	4％联苯菊酯微乳剂	30 mL～50 mL		2	15
	20％马拉·辛硫磷乳油	45 mL～60 mL		3	20
黏虫/麦叶蜂	25 g/L高效氯氟氰菊酯乳油	12 mL～20 mL	喷雾	2	15
	25 g/L溴氰菊酯乳油	10 mL～15 mL		2	15
	25％除虫脲可湿性粉剂	6 g～20 g		2	21
双子叶杂草	50 g/L双氟磺草胺悬浮剂	5 mL～6 mL	喷雾	1	—
	200 g/L氯氟吡氧乙酸乳油	50 mL～70 mL		1	—
	10％唑草酮可湿性粉剂	16 g～20 g		1	—
	75％苯磺隆水分散粒剂	1.2 g～2 g		1	—
	56％2甲4氯钠可溶粉剂	100 g～140 g		1	—
单子叶杂草	69 g/L精噁唑禾草灵水乳剂	40 mL～60 mL		1	—
	70％氟唑磺隆水分散粒剂	2 g～4 g		1	—
	15％炔草酯可湿性粉剂	25 mL～30 mL		1	—
	5％唑啉草酯乳油	60 mL～80 mL		1	—

注：根据病虫草害发生种类，在推荐药剂中任选一种防治。推荐使用农药的登记信息如有变化，以新登记的信息为准。

ICS　65.020.20
CCS B16

DB1411

吕 梁 市 地 方 标 准

DB1411/T 49—2022

玉米病虫害绿色防控技术规程

2022-11-16 发布　　　　　　　　　　　　　　2022-11-16 实施

吕梁市市场监督管理局　发布

前　言

本文件按照 GB/T 1.1—2020《标准化工作导则　第 1 部分：标准化文件的结构和起草规则》的规定起草。

请注意本文件的某些内容可能涉及专利。本文件的发布机构不承担识别专利的责任。

本文件由吕梁市农业农村局提出，组织实施和监督检查。

吕梁市市场监督管理局对标准的组织实施情况进行监督检查。

本文件由吕梁市农业标准化技术委员会归口。

本文件起草单位：吕梁市农业农村局（吕梁市植物保护植物检疫站）、孝义市现代农业发展服务中心、兴县农业农村局。

本文件主要起草人：白育铭、白秀娥、孙超超、刘跃斌、李志蓉、刘雨珍、杨洁鸿、樊红婧、牛峰、于江。

玉米病虫害绿色防控技术规程

1 范围

本文件规定了玉米病虫害绿色防控的术语和定义、防控原则、防控对象及防控技术。

本文件适用于吕梁市玉米主要病虫草害绿色防控。

2 规范性引用文件

下列文件中的内容通过文中的规范性引用而构成本文件必不可少的条款。其中，注日期的引用文件，仅该日期对应的版本适用于本文件；不注日期的引用文件，其最新版本（包括所有的修改单）适用于本文件。

GB/T 8321（所有部分） 农药合理使用准则

GB/T 15671 农作物薄膜包衣种子技术条件

GB/T 24689.2 植物保护机械 杀虫灯

NY/T 1276 农药安全使用规范 总则

NY/T 1997 除草剂安全使用技术规范 通则

3 术语和定义

下列术语和定义适用于本文件。

3.1

绿色防控

采用生态调控、农业防治、生物防治、理化诱控和科学用药等技术和方法，将病虫害危害损失控制在允许水平，并实现农产品质量安全的植物保护措施。

4 防控原则

贯彻"预防为主、综合防治"的植保方针，以农业防治为基础，通过理化诱控、生物防治以及科学用药等措施的综合应用，有效控制病虫危害，确保玉米产量和品质安全。

5 防控对象

a) 主要病害：大斑病、小斑病、茎基腐病、穗粒腐病、纹枯病、丝黑穗病、瘤黑粉病、矮花叶病毒病、粗缩病等；

b) 主要虫害：地下害虫（小地老虎、蛴螬、金针虫、蝼蛄）、玉米螟、黏虫、棉铃虫、草地贪夜蛾、玉米红蜘蛛、双斑萤叶甲、蚜虫、蓟马等；

c) 主要草害：稗草、马唐、狗尾草、牛筋草、藜、反枝苋、刺儿菜、铁苋菜、马齿苋、苍耳、龙葵、打碗花等。

6 防控技术

6.1 农业防治

6.1.1 选用抗（耐）病虫品种

选用适宜当地种植的高产、优质、抗（耐）病虫优良品种，并定期轮换，保持品种抗性。

6.1.2 轮作倒茬

丝黑穗病、纹枯病、茎基腐病等土传病害严重的田块应与非禾本科作物轮作倒茬3年以上。

6.1.3 适期播种

在丝黑穗病发生区，根据当地温湿度情况，尽量适期晚播、浅播。

6.1.4 清洁田园

采取秸秆综合利用、粉碎还田、深耕晒垡、播前灭茬等手段,破坏病虫适生场所,压低病虫草基数。及时清除田间地头杂草。拔节期至抽穗期在病原菌孢子未散落前拔除病株,拔除的病株要深埋、烧毁。

6.1.5 田间管理

合理密植,平衡施肥,增施腐熟有机肥,提高植株抗病性;避免频繁漫灌,暴雨后及时排出田间积水,减轻病害发生。

6.2 理化诱控

6.2.1 杀虫灯诱杀

4月初至8月底,田间安装杀虫灯,诱杀小地老虎、玉米螟、草地贪夜蛾、黏虫、棉铃虫、金龟子、叩头甲等害虫成虫。约3 hm² 安装1盏杀虫灯,吊挂高度1.8 m～2 m。每天傍晚开灯,翌日清晨关灯,注意及时清理虫体、污垢等。选用的杀虫灯应符合GB/T 24689.2的要求。

6.2.2 糖醋液诱杀

将酒、水、糖、醋按1∶2∶3∶4配制,再加入少量的敌百虫,用盆子装好,于傍晚时分安放在田间距地面1 m高处。诱杀小地老虎、黏虫、棉铃虫、金龟子等害虫,定时清除诱集的害虫,每周更换1次糖醋液。

6.2.3 性信息素诱杀

从5月下旬开始,田间设置玉米螟、棉铃虫、黏虫等害虫的性信息素进行诱杀。诱捕器数量按产品类型规模化放置,将诱集的害虫彻底杀死后深埋,每月更换1次诱芯。连片规模化使用效果较好。

6.3 生物防治

6.3.1 保护利用天敌

在田埂地头保护或种植涵养天敌的植物,为天敌提供食物或栖息场所。

6.3.2 释放赤眼蜂

玉米螟产卵初期至盛期,田间释放赤眼蜂防治玉米螟。每667 m² 放蜂1.5万头,分2次释放。第一次释放0.7万头,间隔5 d～7 d;第二次释放0.8万头。放蜂期间,避免喷施化学农药。

6.3.3 生物农药防治

大斑病、小斑病、纹枯病等病害发生初期可选用枯草芽孢杆菌、井冈霉素进行防治,防治方法见附录A。在玉米螟、黏虫、草地贪夜蛾、棉铃虫等鳞翅目害虫卵孵化初期或幼虫低龄期,选用苏云金杆菌、球孢白僵菌、甘蓝夜蛾核型多角体病毒、金龟子绿僵菌等生物农药进行防治,防治方法见附录B。

6.4 化学防治

6.4.1 药剂选择

农药选择和使用按照GB/T 8321和NY/T 1276的规定执行,选用高效低毒、低残留农药和高效植保药械,适期、适法、对症用药。病害防控见附录A,虫害防控见附录B。

6.4.2 防治时期

6.4.2.1 播种期至幼苗期

在丝黑穗病、瘤黑粉病、茎基腐病、纹枯病等土传病害及地下害虫发生严重的田块,选择相应的药剂进行二次拌种或包衣,种子包衣应符合GB/T 15671的要求。播后苗前或苗后进行杂草防除,除草剂使用按照NY/T 1997的规定执行,玉米田主要除草剂种类、用量及防治对象见附录C。

6.4.2.2 喇叭口期

主要防治对象有一代玉米螟、二代黏虫、二代棉铃虫、双斑萤叶甲、矮花叶病、粗缩病等。

6.4.2.3 抽雄吐丝期

主要防治对象有红蜘蛛、双斑萤叶甲、二代玉米螟、草地贪夜蛾、三代黏虫、三代棉铃虫、蚜虫以及大斑病、小斑病等叶部病害。在病虫齐发的情况下,合理混用杀虫剂和杀菌剂,同时加入调环酸钙或芸薹素内酯等植物生长调节剂增强植株抗逆能力。宜使用高秆作物喷雾机和航化作业提升防控效率和效果。

6.4.3 注意事项

烟嘧磺隆除草剂不能与有机磷杀虫剂混用，或使用该除草剂前后 7 d 内不能使用有机磷杀虫剂，以免发生药害。

附　录　A

（资料性）

玉米主要病害防控药剂推荐

玉米主要病害防控药剂推荐见表 A.1。

表 A.1　玉米主要病害防控药剂推荐

主要病害	药剂名称	用药量[每 667 m²（喷雾）或 100 kg 种子（拌种、种子包衣）]	施用方式
丝黑穗病	60 g/L 戊唑醇悬浮种衣剂	100 mL～200 mL	种子包衣
	20％灭菌唑种子处理悬浮剂	100 mL～200 mL	
	15％三唑酮可湿性粉剂	400 g～600 g	
	22.4％氟唑菌苯胺种子处理悬浮剂	200 mL～300 mL	
瘤黑粉病	44％氟唑环菌胺悬浮种衣剂	30 mL～90 mL	种子包衣
	40％苯醚甲环唑悬浮剂	12.5 mL～15 mL	喷雾
茎基腐病	25 g/L 咯菌腈悬浮种衣剂	100 mL～200 mL	种子包衣
	11％精甲·咯·嘧菌悬浮种衣剂	200 mL～300 mL	
	18％吡唑醚菌酯种子处理悬浮剂	27 mL～33 mL	
纹枯病	10％噻虫嗪·噻呋酰胺种子处理悬浮剂	570 mL～850 mL	拌种
	24％井冈霉素 A 水剂	30 mL～40 mL	
大斑病、小斑病	200 亿芽孢/mL 枯草芽孢杆菌可分散油悬浮剂	70 mL～80 mL	喷雾
	40％丁香·戊唑醇悬浮剂	30 mL～40 mL	
	25％吡唑醚菌酯悬浮剂	40 mL～50 mL	
	35％唑醚·氟环唑悬浮剂	30 mL～40 mL	
	45％代森铵水剂	78 mL～100 mL	喷雾
	18.7％丙环·嘧菌酯悬乳剂	50 mL～70 mL	
粗缩病	30％毒氟磷可湿性粉剂	45 g～75 g	喷雾
	6％低聚寡糖水剂	62 mL～83 mL	
	5％氨基寡糖素水剂	75 mL～100 mL	
注：根据病害发生的种类，在推荐药剂中任选一种防治。推荐使用农药的登记信息如有变化，以新登记的信息为准。			

附 录 B
（资料性）
玉米主要虫害防控药剂推荐

玉米主要虫害防控药剂推荐见表 B.1。

表 B.1 玉米主要虫害防控药剂推荐

主要虫害	药剂名称	用药量[（每 667 m²（喷雾、沟施、灌根、撒施）或 100 kg 种子（种子包衣）]	施用方式
地下害虫	48％噻虫胺种子处理悬浮剂	225 mL～300 mL	种子包衣
	40％溴酰·噻虫嗪种子处理悬浮剂	300 mL～450 mL	
	50％氯虫苯甲酰胺种子处理悬浮剂	380 g～530 g	
	35％吡虫·硫双威悬浮种衣剂	1 400 mL～1 800 mL	
	3％辛硫磷颗粒剂	3 kg～4 kg	播前沟施
	1％氯虫·噻虫胺颗粒剂	2 kg～3 kg	播种时沟施
	200 g/L 氯虫苯甲酰胺悬浮剂	3.3 mL～6.6 mL	茎基部喷雾
	40％毒死蜱乳油	150 g～180 g	苗期灌根
玉米螟、棉铃虫	16 000 IU/mg 苏云金杆菌可湿性粉剂	250 g～300 g	喷雾
	300 亿孢子/g 球孢白僵菌可分散油悬浮剂	100 g～120 g	喷雾
	5％氯虫苯甲酰胺悬浮剂	16 mL～20 mL	喷雾
	10％四氯虫酰胺悬浮剂	20 g～40 g	喷雾
	5％甲氨基阿维菌素苯甲酸盐可溶粒剂	10 g～15 g	喷雾
	14％氯虫·高氯氟微囊悬浮-悬浮剂	10 mL～20 mL	喷雾
	3％辛硫磷颗粒剂	300 g～400 g	喇叭口撒施
黏虫	100 亿孢子/g 球孢白僵菌可分散油悬浮剂	600 mL～800 mL	喷雾
	200 g/L 氯虫苯甲酰胺悬浮剂	10 mL～15 mL	
	2.5％高效氯氟氰菊酯水乳剂	16 mL～20 mL	
草地贪夜蛾	200 亿孢子/g 球孢白僵菌可分散油悬浮剂	40 mL～50 mL	喷雾
	8 000 IU/mL 苏云金杆菌悬浮剂	400 mL～600 mL	
	25％乙基多杀菌素水分散粒剂	8 g～12 g	
	5％氯虫苯甲酰胺悬浮剂	40 mL～60 mL	
双斑萤叶甲	2.5％高效氯氟氰菊酯水乳剂	16 mL～20 mL	喷雾
	25 g/L 溴氰菊酯乳油	10 mL～20 mL	
红蜘蛛	20％唑螨酯悬浮剂	7 mL～10 mL	喷雾
	5％阿维菌素水乳剂	15 mL～20 mL	
蚜虫/蓟马	30％噻虫嗪悬浮种衣剂	467 mL～600 mL	种子包衣
	25 g/L 溴氰菊酯乳油	10 mL～20 mL	喷雾
	22％噻虫·高氯氟悬浮剂	10 mL～15 mL	
注：根据虫害发生的种类，在推荐药剂中任选一种防治。推荐使用农药的登记信息如有变化，以新登记的信息为准。			

附　录　C

（资料性）

玉米田主要除草剂种类、用药量及防治对象

玉米田主要除草剂种类、用药量及防治对象见表C.1。

表C.1　玉米田主要除草剂种类、用药量及防治对象

类别	除草剂种类	用药量 （每 667 m²）	防除对象
苗前	66%乙·莠·滴辛酯悬乳剂	200 mL～250 mL	稗草、马唐、狗尾草、牛筋草、反枝苋、刺儿菜、鸭跖草、苣荬菜、藜、马齿苋、苍耳、苘麻等
	82%乙·嗪·滴辛酯悬乳剂	120 mL～160 mL	稗草、狗尾草、野燕麦、看麦娘、马唐、早熟禾、牛筋草、藜、蓼、苋、龙葵、马齿苋、繁缕、香薷、鬼针草、水棘针、苍耳、鸭跖草、风花菜、猪毛菜、堇草、苣荬菜、问荆、小蓟、地肤、肠草、萹蓄、苘麻等
	960 g/L 精异丙甲草胺乳油	50 mL～85 mL	稗草、马唐、臂形草、牛筋草、狗尾草、异形莎草、碎米莎草、荠菜、苋、鸭跖草、蓼等
	330 g/L 二甲戊灵乳油	150 mL～300 mL	稗草、马唐、狗尾草、千金子、牛筋草、碎米莎草、异型莎草、苋、藜、马齿苋、苘麻、龙葵等
	20%异噁唑草酮悬浮剂	25 mL～35 mL	一年生杂草
	50%乙草胺乳油	100 mL～140 mL	稗草、马唐、狗尾草、牛筋草、藜、反枝苋、苋菜、马齿苋等一年生禾本科杂草及小粒种子阔叶杂草
苗后	40 g/L 烟嘧磺隆可分散油悬浮剂	70 g～100 g	稗草、马唐、狗尾草、牛筋草、马齿苋、苋菜、蓼、苍耳、反枝苋、香附子等
	24%烟嘧·莠去津可分散油悬浮剂	80 mL～100 mL	稗草、狗尾草、马唐、牛筋草、野燕麦、看麦娘、反枝苋、藜、马齿苋、蓼、苘麻、龙葵、苍耳、鸭跖草、苋、铁苋菜等
	15%硝磺草酮悬浮剂	50 mL～70 mL	反枝苋、藜、苍耳、苘麻、刺菜、龙葵、地肤、蓼、稗草、马唐、狗尾草等
	30%苯唑草酮悬浮剂	5 mL～6 mL	马唐、稗草、牛筋草、狗尾草、野黍、藜、蓼、苘麻、反枝苋、豚草、曼陀罗、牛膝菊、马齿苋、苍耳、龙葵、一点红等
	30%硝·烟·莠去津可分散油悬浮剂	100 mL～120 mL	稗草、狗尾草、马唐、牛筋草、鸭跖草、苘麻、藜、马齿苋、反枝苋、铁苋菜、自生麦苗等
	22%氯吡·硝·烟嘧可分散油悬浮剂	80 mL～100 mL	一年生杂草
	50%硝·乙·莠去津可分散油悬浮剂	200 mL～250 mL	藜、苘麻、鸭跖草、苋菜和菊科、苋科、锦葵科、十字花科、蓼科的杂草，以及马唐、牛筋草、稗草等禾本科杂草
	38%辛·烟·莠去津可分散油悬浮剂	100 mL～120 mL	稗草、马唐、牛筋草、藜、龙葵、马齿苋、苍耳、苘麻、铁苋菜、反枝苋、卷茎蓼、柳叶刺蓼、鸭跖草、猪毛菜等
注:根据草害发生的种类,在推荐药剂中任选一种防治。			

ICS 65.020.20
CCS B16

DB1411

吕 梁 市 地 方 标 准

DB1411/T 46—2022

高粱病虫害绿色防控技术规程

2022-11-16发布
2022-11-16实施

吕梁市市场监督管理局 发布

前　言

本文件按照GB/T 1.1—2020《标准化工作导则　第1部分：标准化文件的结构和起草规则》的规定起草。

请注意本文件的某些内容可能涉及专利。本文件的发布机构不承担识别专利的责任。

本文件由吕梁市农业农村局提出，组织实施和监督检查。

吕梁市市场监督管理局对标准的组织实施情况进行监督检查。

本文件由吕梁市农业标准化技术委员会归口。

本文件起草单位：吕梁市农业农村局（吕梁市植物保护植物检疫站）、汾阳市农业农村局（植物保护植物检疫站）。

本文件主要起草人：孙超超、白秀娥、韩瑞亭、张蕊红、牛峰、白育铭、刘跃斌、王晋斐、马果梅、张笑媛。

高粱病虫害绿色防控技术规程

1 范围

本文件规定了高粱主要病虫害绿色防控的术语和定义、防控原则、防控技术及建立档案。

本文件适用于高粱主要病虫草害绿色防控。

2 规范性引用文件

下列文件中的内容通过文中的规范性引用而构成本文件必不可少的条款。其中，注日期的引用文件，仅该日期对应的版本适用于本文件；不注日期的引用文件，其最新版本（包括所有的修改单）适用于本文件。

GB/T 8321（所有部分） 农药合理使用准则

NY/T 1276 农药安全使用规范 总则

NY/T 1997 除草剂安全使用技术规范 通则

3 术语和定义

下列术语和定义适用于本文件。

3.1

绿色防控

采取生态调控、农业防治、生物防治、理化诱控和科学用药等技术和方法，将病虫害危害损失控制在允许水平，并实现农产品质量安全的植物保护措施。

4 防控原则

贯彻"预防为主，综合防治"的植保方针，以农业防治为基础，通过理化诱控、生物防治以及科学用药等措施的综合应用，有效控制病虫危害，确保高粱产量和品质安全。

5 防控技术

5.1 农业防治

5.1.1 合理轮作

高粱不宜重迎茬，应选择豆类、花生、薯类等作物茬口，还应选择前茬作物未使用对高粱可能产生药害的农药的田块。

5.1.2 品种选择

针对当地主要病虫害种类，因地制宜选用抗病虫、抗倒伏、耐旱的优良品种。

5.1.3 适期播种

在丝黑穗病发生区，依据品种生育期和土壤墒情，尽量适期晚播、浅播。

5.1.4 耕作管理

采取秸秆综合利用、粉碎还田、深耕晒垡、播前灭茬等手段，压低病虫草基数。生长期适时中耕除草，及时清除田间地头杂草、拔除病株。

5.1.5 科学施肥

使用充分腐熟的农家肥和有机肥，配方施肥，增强植株抗病性。

5.2 理化诱控

5.2.1 灯光诱杀

4月～8月，田间连片设置杀虫灯，诱杀小地老虎、玉米螟、黏虫、棉铃虫、金龟子、叩头甲、蝼蛄等害虫成虫,减少田间落卵量。一般每 3 hm² ～ 4 hm² 安装 1 盏杀虫灯,安装高度 1.5 m ～ 2 m。灯安装在开阔处,不宜被建筑物或树木遮挡。每天傍晚开灯,次日清晨关灯。注意及时清理虫体、污垢等;雷雨天不要开灯,通电后不要触碰高压电网。

5.2.2 糖醋液诱杀

在小地老虎、黏虫、棉铃虫、金龟子等害虫成虫发生的高峰期,每 667 m² 设置糖醋液诱盆 3 个～ 4 个,盆离地面高度 1 m 左右。按酒∶水∶糖∶醋＝1∶2∶3∶4 的比例配制糖醋液。将配制好的糖醋液倒入诱盆中至盆沿 2/3 处。每天傍晚放出,次日早晨收回,定时清除诱集的害虫并深埋,每周更换 1 次糖醋液。

5.2.3 性信息素诱杀

根据田间虫害发生情况,选择相应的性诱剂,布设诱捕装置,诱杀小地老虎、玉米螟、棉铃虫等害虫成虫。连片规模化诱杀效果较好。一般每 667 m² 安装 2 个～ 3 个,根据害虫飞行特点适时调整诱捕器高度,适时更换诱芯,及时收集处理诱集到的害虫。

5.3 生物防治

5.3.1 保护利用天敌

在高粱田周边种植紫花苜蓿、芝麻等涵养天敌的显花植物,或间作大豆,诱集草蛉、瓢虫等天敌昆虫,减少化学药剂防治次数。

5.3.2 生物农药防治

在玉米螟、黏虫、棉铃虫等鳞翅目害虫卵孵化初期或幼虫低龄期,选用苏云金杆菌或 印楝素等生物农药防治;叶斑类病害发生初期,可选用枯草芽孢杆菌防治。

5.4 化学防治

5.4.1 药剂选择

病、虫、草发生危害严重,达到防治指标时,选用高效、安全、低毒化学药剂,严禁使用国家明令禁止使用的农药。农药选择和使用按照 GB/T 8321 和 NY/T 1276 的规定执行。注重兼治和不同作用机理的农药交替轮换使用,执行安全间隔期。高粱主要病虫草害药剂防治方法见附录 A。

5.4.2 防治要点

5.4.2.1 播种期种子处理和土壤处理

提倡使用包衣种子,未包衣的种子要选用适宜的种子处理剂进行药剂拌种,主要防治丝黑穗病和地下害虫以及苗期蚜虫等。若同时预防病害和虫害,应先拌杀虫剂,后拌杀菌剂。在多种地下害虫混合发生区或单独种类严重发生区要采用土壤处理进行防治,提倡局部施药和施用颗粒剂,随耕翻施入土中。具体方法见附录 A。

5.4.2.2 生长期及时治虫

根据预测预报,在平川地区河灌区、低洼下湿地苗期(5月上中旬)注意防治小地老虎,6月下旬至7月上旬注意防治二代黏虫。7月中下旬以后做好高粱蚜的防治;穗期注意防治玉米螟、棉铃虫等。具体方法见附录 A。

5.4.2.3 杂草防除

除草剂使用应符合 NY/T 1997 的要求。在土壤墒情较好的情况下,优先采用播后苗前土壤封闭处理。苗后除草一定要选择在高粱上登记的除草剂品种,必要时先进行小面积安全性试验,严格掌握使用剂量,遵守标明的使用技术要求和安全注意事项。在高粱整个生育期,化学除草最多施药 1 次。高粱田除草剂种类、用量及防除对象见附录 B。

5.4.3 注意事项

高粱对化学药剂敏感,选择用药要慎重、规范,谨防药害发生。对高粱敏感的药剂主要有敌敌畏、敌百虫、辛硫磷、马拉硫磷、倍硫磷、杀螟硫磷、丙溴磷、高效氟氯氰菊酯等。

6 建立档案

每次用药后，记录防治时间、用药品种、使用方法、施药器械、天气条件、有无药害、防治效果以及包装废弃物回收处理等信息，建立可追溯的生产记录档案，档案保存 2 年以上。

附 录 A

（资料性）

高粱主要病虫害药剂防治方法

高粱主要病虫害药剂防治方法见表 A.1。

表 A.1 高粱主要病虫害药剂防治方法

防治对象	药剂名称	用药量[（每 667 m²（拌种）或 100 kg 种子（喷雾、沟施、毒土）或稀释倍数]	施药方式
丝黑穗病	60 g/L 戊唑醇种子处理悬浮剂	100 mL～150 mL	拌种
	40% 拌种双可湿性粉剂	0.3 kg～0.5 kg	拌种
叶斑病、炭疽病	25% 吡唑醚菌酯悬浮剂	40 mL～50 mL	喷雾
	35% 唑醚·氟环唑悬浮剂	30 mL～40 mL	
	18.7% 丙环·嘧菌酯悬乳剂	50 mL～70 mL	
地下害虫	600 g/L 吡虫啉悬浮种衣剂	200 mL～600 mL	拌种
	40% 溴酰·噻虫嗪种子处理悬浮剂	300 mL～450 mL	拌种
	1% 氯虫·噻虫胺颗粒剂	2 kg～3 kg	播种时沟施
	200 g/L 氯虫苯甲酰胺悬浮剂	3.3 mL～6.6 mL	茎基部喷雾
蚜虫	25 g/L 高效氯氟氰菊酯乳油	12 mL～20 mL	喷雾
	10% 吡虫啉乳油	1 000 倍液	喷雾
	5% 啶虫脒乳油	1 500 倍液～2 000 倍液	喷雾
玉米螟、高粱条螟、黏虫、棉铃虫	1 600 IU/mg 苏云金杆菌可湿性粉剂	250 g～300 g	喷雾、毒土
	0.3% 印楝素乳油	80 mL～100 mL	喷雾
	5% 甲氨基阿维菌素苯甲酸盐可溶粒剂	10 g～15 g	喷雾、毒土
	2.5% 高效氯氟氰菊酯水乳剂	16 mL～20 mL	喷雾
	200 g/L 氯虫苯甲酰胺悬浮剂	10 mL～15 mL	喷雾
	25 g/L 溴氰菊酯乳油	20 mL～30 mL	拌毒土撒施喇叭口
红蜘蛛	5% 阿维菌素水乳剂	15 mL～20 mL	喷雾
	20% 唑螨酯悬浮剂	7 mL～10 mL	喷雾

注：根据病虫害发生的种类，在推荐药剂中任选一种防治。推荐使用农药的登记信息如有变化，以新登记的信息为准。

附 录 B
（资料性）
高粱田除草剂种类、用药量及防除对象

高粱田除草剂种类、用药量及防除对象见表B.1。

表 B.1 高粱田除草剂种类、用药量及防除对象

处 理	除草剂种类	用药量（每667 m²）	防除对象
土壤处理	38％莠去津悬浮剂	316 mL～395 mL	稗草、狗尾草、牛筋草、马齿苋、反枝苋、蓼等
	960 g/L 异丙甲草胺乳油	90 mL～110 mL	牛筋草、马唐、千金子、狗尾草、稗草、碎米莎草、鸭跖草、马齿苋、藜、蓼、荠菜等一年生禾本科及部分阔叶杂草
	50％异甲·莠去津悬浮剂	100 mL～200 mL	马唐、牛筋草、稗草、藜、马齿苋、铁苋菜、苍耳、龙葵等
茎叶处理	37％二氯·莠去津可分散油悬浮剂	140 mL～200 mL	稗草、马唐、牛筋草、藜、马齿苋、反枝苋、苍耳、龙葵等
	10％喹草酮悬浮剂	60 mL～100 mL	野糜子、马唐、稗草、牛筋草、狗尾草、野黍、藜、苘麻、反枝苋、鸭跖草、马齿苋、苍耳等
	52％二氯喹·莠去津·氯吡酯可湿性粉剂	60 g～100 g	稗草、糠稷、马唐、牛筋草、藜、马齿苋、反枝苋、苍耳、龙葵等
	50％二氯喹啉酸·特丁津水分散粒剂	100 g～120 g	稗草、马唐、牛筋草、狗尾草、藜、反枝苋、马齿苋、铁苋菜、苍耳、龙葵等
	25％氯氟吡氧乙酸异辛酯	50 mL～60 mL	一年生阔叶杂草
	42％2甲·氯氟吡水乳剂	50 mL～60 mL	一年生阔叶杂草

ICS 65.020.20
CCS B16

DB1411

吕 梁 市 地 方 标 准

DB1411/T 47—2022

谷子病虫害绿色防控技术规程

2022-11-16 发布　　　　　　　　　　　　　2022-11-16 实施

吕梁市市场监督管理局　发布

前　言

本文件按照 GB/T 1.1—2020《标准化工作导则　第 1 部分：标准化文件的结构和起草规则》的规定起草。

请注意本文件的某些内容可能涉及专利。本文件的发布机构不承担识别专利的责任。

本文件由吕梁市农业农村局提出，组织实施和监督检查。

吕梁市市场监督管理局对标准的组织实施情况进行监督检查。

本文件由吕梁市农业标准化技术委员会归口。

本文件起草单位：吕梁市农业农村局（吕梁市植物保护植物检疫站）、临县现代农业发展服务中心。

本文件主要起草人：白秀娥、高燕平、秦荣秀、孙超超、白育铭、王晋斐、韩瑞亭、牛峰。

谷子病虫害绿色防控技术规程

1 范围

本文件规定了谷子病虫害绿色防控的术语和定义、防控原则及防控技术。

本文件适用于吕梁市谷子生产中主要病虫草害绿色防控。

2 规范性引用文件

下列文件中的内容通过文中的规范性引用而构成本文件必不可少的条款。其中,注日期的引用文件,仅该日期对应的版本适用于本文件;不注日期的引用文件,其最新版本(包括所有的修改单)适用于本文件。

GB/T 8321(所有部分) 农药合理使用准则

NY/T 496 肥料合理使用准则

NY/T 1276 农药安全使用规范 总则

NY/T 1997 除草剂安全使用技术规范 通则

3 术语和定义

下列术语和定义适用于本文件。

3.1

绿色防控

采取生态调控、农业防治、生物防治、理化诱控和科学用药等技术和方法,将病虫害危害损失控制在允许水平,并实现农产品质量安全的植物保护措施。

4 防控原则

贯彻"预防为主、综合防治"的植保方针,以农业措施为基础,理化诱控为核心,种子处理为重点,协调应用生物、物理与化学防治措施,有效控制病虫危害,确保谷子产量和品质安全。

5 防控技术

5.1 农业防治

5.1.1 品种选择

选用适合当地种植已登记的优质、高产、耐旱、抗(耐)病品种。

5.1.2 轮作倒茬

实行 3 年以上轮作,避免重茬和迎茬。前茬以豆类、薯类、瓜类为好,玉米、高粱、麦类等次之。

5.1.3 耕翻清园

实施秸秆综合利用、深耕晒垡等手段;清除残茬、败叶及周边杂草,保持田园清洁,减少病虫基数。

5.1.4 适期播种

适当晚播、浅播,有条件的采用地膜覆盖促进出苗,以减轻白发病、黑穗病、粟灰螟、粟叶甲等病虫危害。一般在 5 月中下旬,当 5 cm～10 cm 地温达到 10 ℃以上时进行播种,播种深度 3 cm～5 cm。

5.1.5 科学施肥

使用充分腐熟有机肥作底肥,谷子拔节期结合中耕增施磷钾肥,避免偏施氮肥,肥料使用应符合 NY/T 496 的要求。

5.1.6 清除病虫株

结合农事管理,及时连根拔除枯心苗、白发病、黑穗病等病虫株,并带出田外烧毁或深埋。拔除的病株禁止喂养牲畜。收获后及时清除病残体,减少越冬菌源。

5.2 理化诱控

5.2.1 杀虫灯诱杀

4月中下旬至6月中旬,田间安装频振式杀虫灯,诱杀小地老虎、玉米螟、粟灰螟、黏虫、金龟子、蝼蛄等害虫成虫。按每盏杀虫灯控制 3 hm²～4 hm² 布灯,灯间距 100 m,灯高 1.5 m(高度为杀虫灯接虫口处距离地面高度)。每天傍晚开灯,翌日清晨关灯。关灯后用毛刷将灯上的虫垢打扫干净,收集袋内虫体,将诱杀的害虫彻底杀死后再深埋。每星期彻底清灯箱 1 次,擦灯管 1 次。

5.2.2 色板诱杀

每 667 m² 悬挂规格为 25 cm×30 cm 的黄色粘虫板 25 块～30 块,诱杀蚜虫、飞虱等;如粘虫板害虫数量过多,及时更换。

5.2.3 性信息素诱杀

从 5 月下旬开始,田间设置玉米螟、粟灰螟等害虫的性诱剂诱捕器,每种诱捕器每 667 m² 设置 3 个,诱捕器之间间隔 15 m～20 m。玉米螟诱捕器高度为诱芯距离地面 1.5 m,粟灰螟诱捕器放置地面。每月更换 1 次诱芯。

5.3 生物防治

保护利用天敌,有条件的可在玉米螟产卵初期至盛期,田间释放赤眼蜂进行防治。同时可使用苏云金杆菌防治玉米螟、黏虫等;使用枯草芽孢杆菌、春雷霉素等生物制剂防治谷瘟病。

5.4 科学用药

5.4.1 生育期防控重点

5.4.1.1 播期

病害:谷子白发病、黑穗病;虫害:地下害虫(蝼蛄、蛴螬、金针虫等)。使用种子包衣或药剂拌种。

5.4.1.2 苗期

虫害:粟叶甲、粟跳甲、粟秆蝇、粟灰螟、蚜虫等;播后苗前或幼苗 4 片～5 片叶时,进行杂草防除,每个生长季化学除草最多 1 次。

5.4.1.3 拔节至抽穗期

病害:谷瘟病、纹枯病、白发病;虫害:粟叶甲、粟灰螟、玉米螟、黏虫等。

5.4.1.4 灌浆期

病害:谷瘟病、谷锈病;虫害:黏虫。

5.4.2 药剂选择

病、虫、草害危害严重,达到防治指标时,选用高效、安全、低毒化学药剂。农药选择和使用应符合 GB/T 8321 和 NY/T 1276 的要求,除草剂使用应符合 NY/T 1997 的要求。谷子主要病虫害常用农药及使用方法见附录 A,谷田主要除草剂种类、用量及防治对象见附录 B。

附　录　A

（资料性）

谷子主要病虫害常用农药推荐

谷子主要病虫害常用农药推荐见表 A.1。

表 A.1　谷子主要病虫害常用农药推荐

主要防治对象	防治时期	药剂名称	用药量[每 667 m² 用量（喷雾、毒土）或稀释倍数]	施药方法
白发病	播种前	35%甲霜灵种子处理干粉剂	种子量 0.2%～0.3%	拌种
		45%代森铵水剂	180 倍液～360 倍液	浸种
粒黑穗病	播种前	40%拌种双可湿性粉剂	种子量 0.2%～0.3%	拌种
		6%戊唑醇悬浮种衣剂	种子量 0.1%～0.2%	
谷瘟病	发病初期	2%春雷霉素水剂	500 倍液	喷雾
		30%肟菌·戊唑醇悬浮剂	30 g～40 g	
		20%三环唑可湿性粉剂	75 g～100 g	
纹枯病	病株率 5%时	5%井冈霉素水剂	500 倍液～600 倍液	喷雾
		30%苯甲·丙环唑乳油	15 mL～25 mL	
谷锈病	发病初期	15%三唑酮可湿性粉剂	60 g～80 g	喷雾
		12.5%烯唑醇可湿性粉剂	1 500 倍液	
地下害虫	播种前	600 g/L 吡虫啉悬浮种衣剂	种子量 0.3%	拌种
		40%辛硫磷乳油		
粟叶甲	苗期至拔节期	4.5%高效氯氰菊酯乳油	1 000 倍液～1 500 倍液	喷雾
		25%氰戊·辛硫磷乳油	1 000 倍液～1 500 倍液	
粟灰螟	苗期至抽穗期	50%辛硫磷乳油	100 mL	拌毒土撒施
		6%阿维·氯苯酰悬浮剂	40 mL～50 mL	喷雾
玉米螟	拔节至抽穗期	3.2%高氯·甲维盐微乳剂	1 000 倍液～1 500 倍液	喷雾
		10%四氯虫酰胺悬浮剂	20 g～40 g	
黏虫	百株虫量 20 头	25 g/L 溴氰菊酯乳油	20 mL～25 mL	喷雾
		25 g/L 高效氯氟氰菊酯乳油	12 mL～20 mL	
		200 g/L 氯虫苯甲酰胺悬浮剂	10 mL～15 mL	
蚜虫	苗期	10%吡虫啉可湿性粉剂	1 000 倍液～1 500 倍液	喷雾
		5%啶虫脒乳油	3 000 倍液	
注：根据病虫害发生的种类，在推荐药剂中任选一种防治。推荐使用农药的登记信息如有变化，以新登记的信息为准。				

附　录　B

（资料性）

谷田主要除草剂种类、用药量及防治对象

谷田主要除草剂种类、用药量及防治对象见表B.1。

表 B.1　谷田主要除草剂种类、用药量及防治对象

类别	除草剂种类	用药量（每667 m²）	防除对象	备注
苗前	10%单嘧磺隆可湿性粉剂	20 g	藜、蓼、反枝苋、马齿苋、刺儿菜等一年生阔叶杂草	药后35 d内勿破坏土层，否则影响药效
	50%扑草净可湿性粉剂	50 g	马齿苋、铁苋菜、苍耳、鸭舌草、龙葵、四叶萍、田芥菜、野西瓜苗等	有机质含量低的沙质土不宜使用
苗后	10%单嘧磺隆可湿性粉剂	10 g～20 g	藜、蓼、反枝苋、马齿苋、刺儿菜等一年生阔叶杂草	一个生长季内最多施用1次
	85%2甲4氯异辛酯乳油	15 mL～30 mL	反枝苋、铁齿苋、马齿苋、藜、猪殃殃、野油菜、龙葵、豚草、水棘针、田旋花、画眉草、绿狗尾、香附子、铁苋草、马唐、牛筋草、稗草、龙葵等大多数一年生阔叶杂草	谷子4叶～6叶期、杂草2叶～5叶期使用
	42%2甲·氯氟吡可分散油悬浮剂	45 mL～75 mL	猪殃殃、泽漆、繁缕、牛繁缕、婆婆纳、播娘蒿、荠菜、离心芥、大巢菜、米瓦罐、藜、问荆、苣荬菜、田旋花、苍耳、苘麻等一年生阔叶杂草	谷子3叶1心至拔节前使用；严防漂移

注：根据草害发生的种类，在推荐药剂中任选一种防治。

ICS 65.020.20
CCS B16

DB1411

吕 梁 市 地 方 标 准

DB1411/T 50—2022

马铃薯病虫害绿色防控技术规程

2022-11-16 发布

2022-11-16 实施

吕梁市市场监督管理局 发布

前　言

本文件按照 GB/T 1.1—2020《标准化工作导则　第 1 部分：标准化文件的结构和起草规则》的规定起草。

请注意本文件某些内容可能涉及专利。本文件的发布机构不承担识别专利的责任。

本文件由吕梁市农业农村局提出，组织实施和监督检查。

吕梁市市场监督管理局对标准的组织实施情况进行监督检查。

本文件由吕梁市农业标准化技术委员会归口。

本文件起草单位：吕梁市农业农村局（吕梁市植物保护植物检疫站）、离石区农业农村局。

本文件主要起草人：白秀娥、潘永刚、张晓玲、李秀昂、牛峰、孙超超、白育铭、刘佳薇、于江、韩瑞亭。

马铃薯病虫害绿色防控技术规程

1 范围

本文件规定了马铃薯病虫草害绿色防控的术语和定义、防治原则、防治对象及防控技术。

本文件适用于吕梁市马铃薯主要病虫草害绿色防控。

2 规范性引用文件

下列文件中的内容通过文中的规范性引用而构成本文件必不可少的条款。其中,注日期的引用文件,仅该日期对应的版本适用于本文件;不注日期的引用文件,其最新版本(包括所有的修改单)适用于本文件。

GB/T 8321(所有部分) 农药合理使用准则

GB 18133 马铃薯种薯

NY/T 1276 农药安全使用规范 总则

NY/T 1997 除草剂安全使用技术规范 通则

3 术语和定义

下列术语和定义适用于本文件。

3.1

绿色防控

采取生态调控、农业防治、生物防治、理化诱控和科学用药等技术和方法,将病虫害危害损失控制在允许水平,并实现农产品质量安全的植物保护措施。

3.2

中心病株

由病原菌初侵染引起的田间最早出现的发病植株。

3.3

杀秧

在马铃薯收获前通过物理或化学方法杀灭马铃薯植株地上部分的措施和方法。

4 防治原则

坚持"预防为主,综合防治"的植保方针,以健康栽培和生态调控为基础,优先运用物理防治和生物防治措施,配合安全科学用药技术,有效控制病虫草危害,确保马铃薯产量和品质安全。

5 防治对象

a) 主要病害:晚疫病、早疫病、病毒病、黑痣病、黑胫病、疮痂病、环腐病、干腐病等;

b) 主要虫害:地下害虫、二十八星瓢虫、蚜虫、豆芫菁、双斑萤叶甲等;

c) 主要草害:稗草、马唐、狗尾草、藜、反枝苋、刺儿菜、酸模叶蓼、田旋花、苘麻等。

6 防控技术

6.1 播种期防控

6.1.1 轮作倒茬

实行 2 年~3 年轮作制,不宜与茄子、番茄、辣椒、烟草等作物轮作,不宜与甘薯、胡萝卜等块茎作物轮作。

6.1.2 种薯选择

选用适合本区域种植的商品性好、高产、耐储运的优良抗病品种。种薯质量应符合 GB 18133 的要求。

6.1.3 种薯处理

6.1.3.1 催芽

播种前 10 d～15 d 出窖，将种薯置于散射光、通风、15 ℃左右的条件下，摊开 2 层～3 层，催出 0.5 cm～1 cm 紫色壮芽，随时剔除劣质种薯。

6.1.3.2 切块

切块可在播种前 3 d～5 d 进行。对于≤50 g 的种薯，宜整薯播种；50 g 以上的种薯进行切块，以 30 g～40 g 为宜，每个薯块保留 2 个芽眼。为防止切刀传病，使用前应用 75％的乙醇（酒精）擦拭干净或用 5％的高锰酸钾或 3％来苏水浸泡切刀，多把切刀交替消毒使用，切块 5 min 或切到烂薯、病薯时必须立即更换刀具。将切好的种块晾晒或与新鲜草木灰掺混。

6.1.3.3 药剂拌种

拌种药剂根据所预防的病虫害种类进行选择，药剂选择见附表 A，具体使用剂量和方法按照产品说明书。拌种后晾干装网袋小垛摆放，保持良好通风，促使伤口愈合，1 d～2 d 后播种。

6.1.4 垄沟施药

在土传病害严重的地块，全田施用芽孢杆菌生物菌肥或生物菌剂。以黑痣病为主的真菌性土传病害沟施噻呋酰胺或嘧菌酯；地下害虫沟施噻虫胺、氯虫苯·氟氯氰等。

6.1.5 起垄栽培

旱地一般实行单垄双行栽培模式，水浇地可用单垄双行或单垄单行栽培模式。播种深度 11 cm～13 cm；旱地墒情不足时，采取低起垄高培土的策略，减少春旱对出苗的影响；出苗后至封垄前培土 2 次，使种薯至垄顶达到 20 cm 以上，减少田间局部积水，减轻病害发生。

6.1.6 覆膜除草

覆膜种植的马铃薯田，可选用无色生物降解地膜、黑白相间膜、黑色地膜进行覆盖除草。膜边缘用土盖实，马铃薯出苗时及时破膜。

6.1.7 苗前化学除草

除草剂使用应符合 NY/T 1997 的要求。覆膜马铃薯田，播前 3 d～7 d，用二甲戊灵、乙草胺、精异丙甲草胺等药剂及其复配制剂兑水喷雾于土壤表面，处理后覆盖薄膜。非覆膜马铃薯田，在土壤墒情较好的情况下，选用上述药剂在播后苗前进行土壤封闭处理。马铃薯田除草剂种类、用量及防治对象见附录 B。

6.2 生育期防控

6.2.1 苗后化学除草

马铃薯出苗后杂草 2 叶～5 叶期，用烯草酮、高效氟吡甲禾灵、精喹禾灵等与砜嘧磺隆、嗪草酮、灭草松等的复配制剂，一次性施药同时防除一年生禾本科与阔叶杂草。具体方法见附录 B。

6.2.2 农业防治

及时中耕除草，拔除田间病株、带出田外进行深埋或无害化处理。加强肥水管理，控制氮肥，增施磷钾肥，适当增施钙肥，适时喷施叶面肥，提高植株自身抗病性。

6.2.3 物理防治

6.2.3.1 灯光诱杀

在蛴螬、金针虫、蝼蛄、小地老虎等地下害虫成虫发生期，使用杀虫灯诱杀成虫，减少田间落卵量。约 3 hm² 安装 1 盏杀虫灯，杀虫灯高度以接虫口距离地面 1.5 m～1.8 m 为宜，吊挂高度 1.8 m～2 m。每天傍晚开灯，次日清晨关灯，注意及时清理虫体、污垢等。

6.2.3.2 性信息素诱杀

每 667 m² 设置 1 个性诱剂诱捕器,设置高度超过马铃薯植株顶端 20 cm 左右,诱杀地下害虫成虫。

6.2.3.3 黄板诱杀

每 667 m² 连片插挂规格为 25 cm×30 cm 的黄色粘虫板 25 块～30 块,诱杀有翅蚜虫,控制病毒病。黄板安置高度要略高于马铃薯植株,根据粘胶和落虫情况更换黄板。

6.2.3.4 物理阻隔

在种薯生产中,宜使用 40 目防虫网笼罩或利用银灰膜驱避阻隔害虫。

6.2.4 生物防治

合理保护和利用天敌。病虫发生初期优先选用生物农药,防治方法见附录 A。

6.2.5 化学防治

农药使用应符合 GB/T 8321 和 NY 1276 的要求。选用高效、低毒、低残留、环境友好型农药,严禁使用国家明令禁止使用的农药,严格按照农药标签或产品说明书推荐的剂量使用,严格遵守农药使用安全操作规程,执行安全间隔期,提倡不同作用机理的农药交替轮换使用和合理混用。病虫害发生高峰期,提倡使用无人机进行专业化统防统治。防治方法见附录 A。

6.3 收获储藏期防控

6.3.1 收获期杀秧防病

收获前 10 d～15 d 采用机械杀秧,或用敌草快进行化学杀秧。杀秧后收获前地表喷施烯酰吗啉、氢氧化铜,或噁酮·霜脲氰等药剂,杀死土壤表面及残秧上的病菌,防止侵染受伤薯块。块茎收获后应放在阴凉通风处预储 2 d～3 d,使薯皮伤口愈合。

6.3.2 预防储藏期病害

入窖时剔除病残薯,用硫黄或百菌清熏蒸消毒储窖(库)。储存量控制在储窖(库)容量的 2/3 以内。储藏期间加强通风,温度控制在 1 ℃～4 ℃,湿度不高于 75%,以抑制病菌的生长和传播。

6.3.3 清洁田园

收获后将残枝落叶、病残薯块清理深埋,降低越冬病虫基数。

附　录　A

（资料性）

马铃薯主要病虫害防控药剂推荐

马铃薯主要病虫害防控药剂推荐见表 A.1。

表 A.1　马铃薯主要病虫害防控药剂推荐

病虫害种类	药剂名称	用药量[每 667 m²（喷雾、沟施、撒施）或 100 kg 种薯（拌种薯、种薯包衣、浸种薯、喷淋种薯）或稀释倍数]	施用方法	最多施药次数	安全间隔期,d
晚疫病	1 000 亿孢子/g 枯草芽孢杆菌可湿性粉剂	10 g～14 g	喷雾	—	—
	2 亿孢子/g 木霉菌水分散粒剂	130 g～160 g	喷雾	2～3	—
	0.3％丁子香酚可溶粉剂	80 mL～120 mL	喷雾	2～3	—
	80％代森锰锌可湿性粉剂	120 g～180 g	喷雾	3	7
	25％嘧菌酯悬浮剂	15 mL～20 mL	喷雾	3	7
	50％烯酰吗啉可湿性粉剂	40 g～60 g	喷雾	2～3	21
	50％氟啶胺悬浮剂	27 mL～33 mL	喷雾	2～3	7
	23.4％双炔酰菌胺悬浮剂	20 mL～40 mL	喷雾	2～3	14
	24％霜脲·氰霜唑悬浮剂	40 mL～50 mL	喷雾	3	7
	52.5％噁酮·霜脲氰水分散粒剂	20 g～40 g	喷雾	2～3	14
	687.5 g/L 氟菌·霜霉威悬浮剂	60 mL～75 mL	喷雾	3	7
	15％氟吡菌胺·精甲霜灵悬浮剂	30 mL～38 mL	喷雾	3	7
早疫病	75％肟菌·戊唑醇水分散粒剂	10 g～15 g	喷雾	3	3
	70％丙森锌可湿性粉剂	150 g～200 g	喷雾	3	7
	50％啶酰菌胺水分散粒剂	20 g～30 g	喷雾	3	10
	30％苯甲·嘧菌酯悬浮剂	40 mL～50 mL	喷雾	3	14
	42.4％唑醚·氟酰胺悬浮剂	10 mL～20 mL	喷雾	3	14
黑痣病	25 g/L 咯菌腈悬浮种衣剂	100 mL～200 mL	拌种薯	—	—
	22％氟唑菌苯胺悬浮种衣剂	8 mL～12 mL	种薯包衣	—	—
	240 g/L 噻呋酰胺悬浮剂	100 mL～200 mL	沟施	—	—
	1％嘧菌·噁霉灵颗粒剂	2.5 kg～3 kg	撒施	—	—
环腐病	36％甲基硫菌灵悬浮剂	800 倍液	浸种薯	—	—
	70％敌磺钠可溶粉剂	1∶333 药种比	拌种薯	—	—
疮痂病	QST71 310 亿 CFU/g 解淀粉芽孢杆菌悬浮剂	350 mL～500 mL	喷淋种薯	—	—
黑胫病	6％春雷霉素可湿性粉剂	25 g～40 g	拌种薯	3	7
	20％噻唑锌悬浮剂	80 mL～120 mL	沟施、喷雾	3	—
	20％噻菌铜悬浮剂	100 mL～125 mL	喷雾	3	14
	12％噻霉酮水分散粒剂	15 g～25 g	喷雾	2	5

表 A.1(续)

病虫害种类	药剂名称	用药量[每 667 m²(喷雾、沟施、撒施)或 100 kg 种薯(拌种薯、种薯包衣、浸种薯、喷淋种薯)或稀释倍数]	施用方法	最多施药次数	安全间隔期,d
病毒病	6%寡糖·链蛋白可湿性粉剂	60 g～90 g	喷雾	2～3	7
	0.5%几丁聚糖水剂	100 mL～150 mL	喷雾	2～3	14
	20%毒氟磷水剂	80 mL～100 mL	喷雾	2	14
地下害虫	600 g/L 吡虫啉种子处理悬浮剂、悬浮种衣剂	40 mL～50 mL	种薯包衣	—	—
	48%噻虫胺种子处理悬浮剂、悬浮种衣剂	60 mL～80 mL	拌种薯	—	—
	40%氯虫·噻虫胺颗粒剂	15 mL～20 mL	沟施覆土	—	—
	2%噻虫·氟氯氰颗粒剂	1250 g～1 500 g	沟施	—	—
蚜虫	70%噻虫嗪种子处理可分散粉剂	20 g～40 g	拌种薯	—	—
	27%苯醚·咯·噻虫种子处理悬浮剂、悬浮种衣剂	70 mL～100 mL	种薯包衣	—	—
	30%吡虫啉乳油	10 mL～20 mL	喷雾	2	14
	22%噻虫·高氯氟水乳剂	4 mL～6 mL		1	14
	22%螺虫·噻虫啉悬浮剂	20 mL～40 mL		1	10
	50%吡蚜酮水分散粒剂	20 g～30 g		2	14
白粉虱	10%氟啶虫酰胺水分散粒剂	30 g～50 g		2	7
	25%噻虫嗪水分散粒剂	8 g～15 g		2	7
瓢虫/豆芫菁/双斑萤叶甲	4.5%高效氯氰菊酯乳油	20 mL～40 mL	喷雾	2	7
	20%呋虫胺悬浮剂	15 g～20 g		2	14
	25%氰戊·辛硫磷乳油	35 mL～40 mL		2	7
	1.8%阿维菌素乳油	2 000 倍液～3 000 倍液		2	7

附 录 B
（资料性）
马铃薯田除草剂种类、用药量及防治对象

马铃薯田除草剂种类、用药量及防治对象见表 B.1。

表 B.1 马铃薯田除草剂种类、用药量及防治对象

类别	除草剂名称	用药量（每 667 m²）	防治对象
苗前	960 g/L 精异丙甲草胺乳油	60 mL～80 mL	一年生禾本科杂草及部分阔叶杂草
	330 g/L 二甲戊灵乳油	150 mL～200 mL	一年生禾本科杂草及部分阔叶杂草
	50％乙草胺乳油	180 mL～250 mL	一年生禾本科杂草及部分阔叶杂草
	75％嗪酮·乙草胺乳油	100 mL～120 mL	一年生杂草
	81％异松·乙草胺乳油	110 mL～140 mL	一年生杂草
苗后	30％烯草酮乳油	20 mL～30 mL	马唐、牛筋草、稗草、狗尾草、看麦娘、野燕麦等一年生禾本科杂草
	108 g/L 高效氟吡甲禾灵乳油	35 mL～50 mL	看麦娘、稗草、马唐、狗尾草、牛筋草、野燕麦、芦苇等一年生禾本科杂草
	25％砜嘧磺隆水分散粒剂	5 g～6 g	自生麦苗、马唐、稗草、狗尾草、野燕麦、野高粱、蓼、鸭跖草、荠菜、马齿苋、反枝苋、野油菜、莎草等一年生杂草
	480 g/L 灭草松水剂	150 mL～200 mL	一年生阔叶杂草
	70％嗪草酮可湿性粉剂	18 g～22 g	一年生阔叶杂草
	31％精喹·嗪草酮乳油	45 mL～65 mL	阔叶杂草与禾本科杂草
	23.2％砜·喹·嗪草酮可分散油悬浮剂	70 mL～85 mL	一年生杂草，严禁在马铃薯苗高 10 cm 后施药
	25％嗪·烯·砜嘧可分散油悬浮剂	30 mL～50 mL	一年生杂草
	30％精喹·灭草松乳油	200 mL～240 mL	大多数一年生禾本科杂草、阔叶杂草和莎草科杂草
	11％砜嘧·精喹可分散油悬浮剂	50 mL～60 mL	一年生禾本科杂草及阔叶杂草
	11％砜嘧·高氟吡可分散油悬浮剂	40 mL～50 mL	一年生禾本科杂草和阔叶杂草

ICS 65.020.20
CCS B22

DB 1411

吕 梁 市 地 方 标 准

DB1411/T 54—2022

玉米全膜覆盖种植技术规程

2022-11-16 发布　　　　　　　　　　　　2022-11-16 实施

吕梁市市场监督管理局　发布

前　　言

本文件按照 GB/T 1.1—2020《标准化工作导则　第 1 部分:标准化文件的结构和起草规则》的规定起草。

请注意本文件的某些内容可能涉及专利。本文件的发布机构不承担识别专利的责任。

本文件由吕梁市农业农村局提出,组织实施和监督检查。

吕梁市市场监督管理局对标准的组织实施情况进行监督检查。

本文件由吕梁市农业标准化技术委员会归口。

本文件起草单位:吕梁市农业农村局(吕梁市农业技术推广工作站)。

本文件主要起草人:薛志强、张晓玲、潘永刚、王晋斐、刘跃斌、成美清、王聪聪、杜书仲、郭景玉、梁石明。

玉米全膜覆盖种植技术规程

1 范围

本文件规定了玉米全膜覆盖种植的术语和定义、选地整地、种植技术、施肥、查苗补苗、病虫害防治、收获。

本文件适用于吕梁市旱作玉米产区。

2 规范性引用文件

下列文件中的内容通过文中的规范性引用而构成本文件必不可少的条款。其中，注日期的引用文件，仅该日期对应的版本适用于本文件；不注日期的引用文件，其最新版本（包括所有的修改单）适用于本文件。

GB 4404.1　粮食作物种子　第 1 部分：禾谷类

GB/T 8321（所有部分）　农药合理使用准则

GB 13735　聚乙烯吹塑农用地面覆盖薄膜

GB/T 15063　复合肥料

GB/T 25246　畜禽粪便还田技术规范

NY/T 525　有机肥料

NY/T 1868　肥料合理使用准则　有机肥料

NY/T 2911　测土配方施肥技术规程

JB/T 7732　铺膜播种

3 术语和定义

下列术语和定义适用于本文件。

3.1

全膜覆盖

地表起垄后，用地膜覆盖全田，沟内播种。

3.2

紧凑型

叶片与茎夹角小于 30°。

3.3

半紧凑型

叶片与茎夹角大于 30°、小于 45°。

4 选地整地

选择地势平坦、土层深厚、排水方便的旱塬地和水平梯田等。前茬以豆类、薯类为宜。深松或深耕，浅耕灭茬、耙磨保墒，达到上虚下实、地面平整。

5 种植技术

5.1 品种选择

选用经过审定的适宜在吕梁市旱地种植的玉米品种。种子质量应符合 GB 4404.1 的要求。

5.2 播种

5.2.1 播期

10 cm 耕层地温连续 5 d 稳定达到 10 ℃、土壤相对含水量为 60%～80%时播种。

5.2.2 密度

合理密植,单粒播种,播种深度 3 cm～5 cm。半紧凑品种每 667 m² 种植密度在 3 000 株～3 500 株,紧凑品种每 667 m² 种植密度在 3 500 株～4 000 株。

5.2.3 播种方式

5.2.3.1 全膜起垄宽窄行

选用幅宽 165 cm、厚度 0.01 mm 的薄膜,杂草较多地块宜选用黑色地膜,采用小垄宽 40 cm,大垄宽 70 cm,垄高 10 cm;地膜相接处在大垄中间,用土压实,紧贴垄面垄沟,每隔 2 m 用土横压覆膜后,在垄沟内每隔 50 cm 处打渗水孔。种子播在垄沟内,用机械起垄覆膜一体化播种作业。地膜应符合 GB 13735、JB/T 7732 的要求。

5.2.3.2 全膜起垄等行距

选用幅宽 200 cm、厚度 0.01 mm 的薄膜,杂草较多地块宜选用黑色地膜,采用等行距种植,垄宽 40 cm,垄高 10 cm。种子播在垄沟内,用机械起垄覆膜一体化播种作业。地膜应符合 GB 13735、JB/T 7732 的要求。

6 施肥

应符合 NY/T 2911、NY/T 525、NY/T 1868 的要求。

6.1 施肥原则

重施基肥、轻用追肥,基肥为主,追肥为辅;增施有机肥;合理施用氮磷钾肥;肥料以深施为宜。

6.2 施肥量

6.2.1 基肥

每 667 m² 施充分腐熟农家肥 2 000 kg～3 000 kg 或有机肥 200 kg～300 kg,每 667 m² 施缓控释配方肥 40 kg,宜选用 N－P$_2$O$_5$－K$_2$O(25－13－5 或相近配方),应符合 GB/T 25246、GB/T 15063 的要求。

6.2.2 叶面喷肥

大喇叭口期叶面喷肥。

6.3 施肥方式

充分腐熟农家肥或有机肥、缓控释配方肥撒施在地表后结合整地施入;适宜机械施肥的地块,缓控释配方肥随播种机深施,施肥深度 15 cm～20 cm。

7 查苗补苗

及时放苗,缺苗时催芽补种。4 叶～5 叶时定苗,去除病、杂、弱苗,每穴留 1 株壮苗。

8 病虫害防治

遵循"预防为主,防治结合"的植保方针,以农业防治、物理防治、生物防治措施为主,化学防治为辅。

8.1 农业防治

合理轮作,选用抗病品种,增施有机肥,合理密植,及时清除病株、病叶。

8.2 物理防治

使用糖醋液、色板、杀虫灯、昆虫性信息素诱杀害虫。

8.3 生物防治

保护利用天敌,使用天敌生物类或植物源类、微生物类、农用抗生素类、生物化学类农药防治病虫。

8.4 化学防治

化学防治应符合 GB/T 8321 的要求。

8.4.1 大小斑病

发病初期,可用吡唑醚菌酯、代森铵等药剂喷雾防治,连喷 2 次～3 次。

8.4.2 玉米螟、棉铃虫

在卵孵化盛期或低龄幼虫期,可使用除脲·高氯氟、氰戊·辛硫磷等药剂喷雾防治。

8.4.3 双斑萤叶甲

虫害发生期,可选用高效氯氰菊酯、甲氨基阿维菌素苯甲酸盐等药剂喷雾防治。

8.4.4 地下害虫

播前用氯虫苯甲酰胺、溴酰·噻虫嗪等种衣剂拌种,防治小地老虎等地下害虫。

9 收获

玉米苞叶变黄、籽粒变硬、有光泽时收获,晾晒储存,防止受潮霉变。收获后,及时回收残膜、清理残茬。

注:有机旱作玉米全膜覆盖标准化种植技术操作流程见彩图 1。

————————————

ICS　65.020.20
CCS B22

DB1411

吕 梁 市 地 方 标 准

DB1411/T 55—2022

谷子沟植垄盖种植技术规程

2022-11-16 发布　　　　　　　　　　　　　　2022-11-16 实施

吕梁市市场监督管理局　发布

前　言

本文件按照 GB/T 1.1—2020《标准化工作导则　第 1 部分：标准化文件的结构和起草规则》的规定起草。

请注意本文件的某些内容可能涉及专利。本文件的发布机构不承担识别专利的责任。

本文件由吕梁市农业农村局提出，组织实施和监督检查。

吕梁市市场监督管理局对标准的组织实施情况进行监督检查。

本文件由吕梁市农业标准化技术委员会归口。

本文件起草单位：吕梁市农业农村局（吕梁市农业技术推广工作站、吕梁市农产品质量安全中心）。

本文件主要起草人：王建才、秦月明、张晓玲、刘媛林、刘小靖、成美清、高晓勋、郭景玉。

谷子沟植垄盖种植技术规程

1 范围

本文件规定了谷子沟植垄盖种植的术语和定义、选地整地、种植技术、培育壮苗、施肥、病虫害防治、收获。

本文件适用于吕梁市谷子种植。

2 规范性引用文件

下列文件中的内容通过文中的规范性引用而构成本文件必不可少的条款。其中，注日期的引用文件，仅该日期对应的版本适用于本文件；不注日期的引用文件，其最新版本（包括所有的修改单）适用于本文件。

GB 4404.1 粮食作物种子 第 1 部分：禾谷类

GB 13735 聚乙烯吹塑农用地面覆盖薄膜

GB/T 8321（所有部分） 农药合理使用准则

GB/T 15063 复合肥料

GB/T 17420 微量元素叶面肥料

GB/T 25246 畜禽粪便还田技术规范

NY/T 525 有机肥料

NY/T 1868 肥料合理使用准则 有机肥料

NY/T 2911 测土配方施肥技术规程

JB/T 7732 铺膜播种

3 术语和定义

下列术语和定义适用于本文件。

3.1

沟植垄盖

地膜覆盖在垄背上，谷子播在垄沟内。

3.2

黄芽砘

谷苗快出土时进行镇压。

3.3

压青砘

2 叶～3 叶时镇压。

4 选地整地

选择耕层深厚、通风透光的旱塬地或梯田地，播前平整土地，使土地上虚下实。

5 种植技术

5.1 品种选择

选用适宜当地种植的抗病、抗逆性强的优质高产品种。种子应符合 GB 4404.1 的要求。

5.2 种子处理

播前 10 d～15 d 晒种 2 d～3 d，用 50 ℃温汤浸种 10 min，晾干后播种。

5.3 播种

5.3.1 播期

5 cm～10 cm 耕层温度达到 10 ℃～15 ℃即可播种。

5.3.2 播量

每 667 m² 用种 0.4 kg～0.5 kg。

5.3.3 密度

穴播每 667 m² 播种 8 000 穴～10 000 穴，条播每 667 m² 留苗 18 000 株～22 000 株。

5.3.4 播种方式

宜选用地膜或全生物降解地膜，幅宽 80 cm（种植 2 行）、130 cm（种植 3 行）、165 cm（种植 4 行）规格的薄膜，一次性完成开沟起垄、覆膜、打孔、播种、施肥、覆土。播深 2 cm～3 cm，穴播每穴 6 粒～8 粒，穴距 20 cm；条播株距 6 cm～8 cm，行距 40 cm～45 cm。应符合 GB 13735、JB/T 7732 的要求。

6 培育壮苗

采用黄牙砘、压青砘促弱转壮。

7 施肥

应符合 NY/T 2911、NY/T 525、NY/T 1868、GB/T 17420 的要求。

7.1 施肥原则

重施基肥、轻用追肥，基肥为主，追肥为辅；增施有机肥；坚持有机无机相结合；合理施用氮磷钾肥，以深施为宜。

7.2 施肥量

7.2.1 基肥

每 667 m² 施充分腐熟农家肥 2 000 kg～3 000 kg 或有机肥 200 kg～300 kg，每 667 m² 施缓控释配方肥 40 kg，宜选用 N－P_2O_5－K_2O 为 22－12－6（或相近配方）的肥料。应符合 GB/T 25246、GB/T 15063 的要求。

7.2.2 叶面喷肥

适时叶面喷施磷酸二氢钾或尿素。

7.3 施肥方式

充分腐熟农家肥或有机肥、缓控释配方肥撒施在地表后结合整地施入；适宜机械施肥的地块，缓控释配方肥随播种机深施，施肥深度 15 cm～20 cm。

8 病虫害防治

遵循"预防为主，防治结合"的植保方针，以农业防治、物理防治、生物防治措施为主，化学防治为辅。化学防治应符合 GB/T 8321 的要求。

8.1 农业防治

清除谷茬、谷草及田边杂草，调节播期，及时拔除病苗。

8.2 物理防治

使用杀虫灯、色板、性诱剂、食诱剂诱杀害虫。

8.3 生物防治

保护利用瓢虫等自然天敌，使用赤眼蜂、春雷霉素、印楝素、苏云金杆菌等生物药剂防治病虫害。

8.4 化学防治

严格控制农药用量和安全间隔期。

8.4.1 白发病

用 35％甲霜灵干粉剂按种子量的 0.2％～0.3％拌种。

8.4.2 谷瘟病

发病初期,可选用三环唑、吡唑醚菌酯等药剂喷雾,连喷 2 次～3 次。

8.4.3 栗叶甲

虫害发生期,可选用高效氯氰菊酯乳油、甲氨基阿维菌素苯甲酸盐等药剂喷雾防治。

8.4.4 栗灰螟

虫害发生初期,可用辛硫磷、毒死蜱等药剂拌毒土顺根撒施。

9 收获

颖壳变黄、谷穗背面没有青粒、籽粒变硬时,宜使用小型或大中型谷子专用收割机收获。谷子脱粒后及时晾晒。收获后,及时回收清理残膜、残茬。

注:有机旱作谷子沟植垄盖标准化种植技术操作流程见彩图 2。

———————

ICS 65.020.20
CCS B23

DB1411

吕 梁 市 地 方 标 准

DB1411/T 43—2022

旱地大豆种植技术规程

2022-11-16 发布

2022-11-16 实施

吕梁市市场监督管理局 发布

前　言

本文件按照 GB/T 1.1—2020《标准化工作导则　第 1 部分:标准化文件的结构和起草规则》的规定起草。

请注意本文件的某些内容可能涉及专利。本文件的发布机构不承担识别专利的责任。

本文件由吕梁市农业农村局提出,组织实施和监督检查。

吕梁市市场监督管理局对标准的组织实施情况进行监督检查。

本文件由吕梁市农业标准化技术委员会归口。

本文件起草单位:吕梁市农业农村局(吕梁市农业技术推广工作站)。

本文件主要起草人:王聪聪、王建才、张晓玲、杜书仲、高晓勋、刘小靖、郭景玉、薛志强、孙凌、成美清。

旱地大豆种植技术规程

1 范围

本文件规定了旱地大豆种植的术语和定义、选地整地、种植技术、施肥、田间管理、病虫害防治、收获。

本文件适用于吕梁市旱地大豆的种植。

2 规范性引用文件

下列文件中的内容通过文中的规范性引用而构成本文件必不可少的条款。其中,注日期的引用文件,仅该日期对应的版本适用于本文件;不注日期的引用文件,其最新版本(包括所有的修改单)适用于本文件。

GB 4404.2　粮食作物种子　第2部分:豆类

GB 5084　农田灌溉水质标准

GB/T 8321(所有部分)　农药合理使用准则

GB 13735　聚乙烯吹塑农用地面覆盖薄膜

GB/T 15063　复合肥料

GB/T 25246　畜禽粪便还田技术规范

NY/T 525　有机肥料

NY/T 1276　农药安全使用规范

NY/T 1868　肥料合理使用准则　有机肥料

NY/T 2911　测土配方施肥技术规程

3 术语和定义

下列术语和定义适用于本文件。

3.1

旱地

主要靠天然降水种植旱生农作物的耕地。

3.2

封垄

生长后期,枝叶相交,从表面看不出穴距、行距。

3.3

保水剂

一种高分子聚合物,在土壤中能将雨水或浇灌水吸收储藏,天旱时供作物利用。

3.4

"五小"水利工程

"五小"水利工程是小水窖、小水池、小泵站、小塘坝、小水渠的总称。

4 选地整地

选择梯田地、旱塬地和缓坡地,前茬以未使用过长效除草剂的马铃薯茬或禾谷类茬、秋季秸秆还田地块为宜。春季三墒整地:耙糖保墒、浅耕踏墒、镇压提墒。

5 种植技术

5.1 品种选择

选用审定或登记的适宜在吕梁市旱地种植的抗旱优质高产品种。应符合 GB 4404.2 的要求。

5.2 种子处理

播前晒种,种子用 40 g/kg 根瘤菌或 3 g/kg 钼酸铵拌种。

5.3 播种

5.3.1 播期

4 月下旬至 5 月中旬,5 cm 土层温度稳定在 8 ℃～10 ℃为宜。

5.3.2 播量

每 667 m² 播种量 4 kg～6 kg,每 667 m² 留苗 8 000 株～10 000 株。

5.3.3 播种方式

5.3.3.1 点播

穴距 18 cm～24 cm,每穴 2 粒～3 粒,行距 50 cm,播种深度 3 cm～5 cm。

5.3.3.2 条播

株距 15 cm～18 cm,行距 50 cm,深度 3 cm～5 cm。

5.3.3.3 探墒沟播

开沟分开干土,将种子播在湿土层上,浅覆土 3 cm～4 cm。

5.3.3.4 覆盖保墒

春旱冷凉区利用地膜覆盖或秸秆集雨保墒,地膜选用厚度 0.01 mm 的薄膜。应符合 GB 13735 的要求。

5.3.3.5 免耕播种

一次性完成灭茬、旋耕、开沟、施肥、覆膜、播种作业。

6 施肥

应符合 NY/T 2911、NY/T 525、NY/T 1868 的要求。

6.1 施肥原则

重施基肥、轻用追肥,基肥为主,追肥为辅;增施有机肥;合理施用氮磷钾肥;肥料以深施为宜。

6.2 施肥量

6.2.1 基肥

每 667 m² 施充分腐熟农家肥 2 000 kg～3 000 kg 或有机肥 200 kg～300 kg,每 667 m² 施缓控释配方肥 40 kg,宜选用 N－P_2O_5－K_2O 为 15－15－10(或相近配方)的肥料,每 667 m² 抗旱保水缓控释剂 2 kg～3 kg 与配方肥混合随整地翻入土壤。应符合 GB/T 25246、GB/T 15063 的要求。

6.2.2 追肥

开花期后期不能封垄的地块,应采取追肥、喷施叶面肥和菌肥。

6.3 施肥方式

有机肥撒施在地表后,结合土地深翻或旋耕施入;适宜机械施肥的地块,缓控释配方肥随播种机深施,施肥深度 15 cm～20 cm;作追肥的尿素施肥深度 5 cm～10 cm。

7 田间管理

7.1 定苗

第一片三出复叶展开前进行间苗,拔除弱苗、病苗和杂草,按规定株距留苗。

7.2 中耕

全生育期中耕 3 次。苗高 5 cm～6 cm 时进行第一次中耕,深度 7 cm～8 cm;分枝前进行第二次中耕,深度 10 cm～12 cm;封垄前进行第三次中耕,深度 5 cm～6 cm,同时结合中耕进行培土。

7.3 集雨灌溉

充分利用小水窖、小水池等"五小"水利工程,配套渗灌、滴灌、水肥一体化等设施,在大豆关键需水期遇旱及时补灌。灌溉用水符合 GB 5084 的要求。

8 病虫害防治

遵循"预防为主,防治结合"的植保方针,以农业防治、物理防治、生物防治措施为主,化学防治为辅。

8.1 农业防治

选用抗病品种,轮作倒茬,拔除病株,田间套种等。

8.2 物理防治

使用杀虫灯、色板、性诱剂、食诱剂等诱杀害虫。

8.3 生物防治

保护并利用瓢虫等自然天敌,使用赤眼蜂、枯草芽孢杆菌、印楝素、苏云金杆菌等生物农药防治病虫害。

8.4 化学防治

严格控制农药用量和安全间隔期。应符合 GB/T 8321、NY/T 1276 的要求。

8.4.1 霜霉病

发病初期,选用烯酰吗啉、霜脲·锰锌等药剂喷雾防治。施药间隔期 7 d～10 d,连喷 2 次～3 次。

8.4.2 大豆蚜

在低龄若虫或幼虫期,可选用噻虫·高氯氟、高氯·吡虫啉等药剂喷雾防治。

8.4.3 红蜘蛛

害虫发生初期,可选用乙螨唑、螺螨酯等药剂喷雾防治。

8.4.4 大豆食心虫、豆荚螟

大豆开花期、幼虫蛀荚之前,可用高效氯氟氰菊酯、马拉硫磷等药剂喷雾防治。

9 收获

当豆荚呈现其成熟色泽,有 90% 以上叶片完全脱落,荚中籽粒与荚壁脱离,摇动时有响声,及时收获。

注:有机旱作大豆标准化种植技术操作流程见彩图 3。

_____

ICS　65.020.20
CCS B22

DB1411

吕　梁　市　地　方　标　准

DB1411/T 44—2022

旱地高粱种植技术规程

2022-11-16 发布

2022-11-16 实施

吕梁市市场监督管理局　发布

前　言

本文件按照 GB/T 1.1—2020《标准化工作导则　第 1 部分:标准化文件的结构和起草规则》的规定起草。

请注意本文件的某些内容可能涉及专利。本文件的发布机构不承担识别专利的责任。

本文件由吕梁市农业农村局提出,组织实施和监督检查。

吕梁市市场监督管理局对标准的组织实施情况进行监督检查。

本文件由吕梁市农业标准化技术委员会归口。

本文件起草单位:吕梁市农业农村局(吕梁市农业技术推广工作站、吕梁市农产品质量安全中心)。

本文件主要起草人:张建锋、秦月明、王建才、张晓玲、高晓勋、刘小靖、孙凌、成美清、王晓兰、王聪聪。

旱地高粱种植技术规程

1 范围

本文件规定了旱地高粱种植技术的术语和定义、选地整地、种植技术、施肥、田间管理、病虫害防治、收获。

本文件适用于吕梁市旱地高粱产区。

2 规范性引用文件

下列文件中的内容通过文中的规范性引用而构成本文件必不可少的条款。其中,注日期的引用文件,仅该日期对应的版本适用于本文件;不注日期的引用文件,其最新版本(包括所有的修改单)适用于本文件。

GB 4404.1　粮食作物种子　第 1 部分:禾谷类

GB 5084　农田灌溉水质标准

GB/T 8321(所有部分)　农药合理使用准则

GB 13735　聚乙烯吹塑农用地面覆盖薄膜

GB/T 15063　复合肥料

GB/T 25246　畜禽粪便还田技术规范

NY/T 525　有机肥料

NY/T 1868　肥料合理使用准则　有机肥料

NY/T 2911　测土配方施肥技术规程

3 术语和定义

下列术语和定义适用于本文件。

3.1

旱地

利用自然降水种植农作物的耕地。

3.2

蜡熟期

75％以上植株的穗下部籽粒达到蜡质状态的日期。

3.3

完熟期

75％以上植株的穗下部籽粒变硬。

3.4

"五小"水利工程

"五小"水利工程是小水窖、小水池、小泵站、小塘坝、小水渠的总称。

4 选地整地

选择梯田地、沟坝地和沟川地等,前茬以未使用过长效除草剂的马铃薯茬或豆茬、秋季秸秆还田地块为宜。推广秸秆或根茬粉碎还田,秸秆长度不超过 8 cm,根茬灭茬深度不低于 7 cm。春季三墒整地:耙耱保墒、浅耕踏墒、镇压提墒。

5 种植技术

5.1 品种选择

选用审定或登记的、适宜在吕梁市旱地种植的抗旱优质高产品种。应符合 GB 4404.1 的要求。

5.2 种子处理

播前晒种 2 d～3 d。

5.3 播种

5.3.1 播期

5 cm 土层温度稳定在 10 ℃～12 ℃为宜。

5.3.2 播量

每 667 m² 播种量 0.8 kg，每 667 m² 留苗高秆品种 6 000 株、中秆品种 8 000 株、矮秆品种 10 000 株。

5.3.3 播种方式

5.3.3.1 等行距或宽窄行条播

等行距：行距 50 cm、株距 10 cm～15 cm。宽窄行：宽行 60 cm、窄行 40 cm，株距 10 cm～15 cm，播种深度 3 cm～4 cm。

5.3.3.2 探墒沟播

刮去表层干土，沟深 10 cm，将种子播在湿土层上，浅覆土 3 cm～4 cm。

5.3.3.3 覆盖保墒

春旱冷凉区利用地膜或秸秆覆盖集雨保墒，地膜选用厚度 0.01 mm 的薄膜。应符合 GB 13735 的要求。

5.3.3.4 免耕播种

一次性完成灭茬、旋耕、开沟、施肥、覆膜、播种作业。

6 施肥

应符合 NY/T 2911、NY/T 525、NY/T 1868 的要求。

6.1 施肥原则

重施基肥、轻用追肥，基肥为主，追肥为辅；增施有机肥；合理施用氮磷钾肥；肥料以深施为宜。

6.2 施肥量

6.2.1 基肥

每 667 m² 施充分腐熟农家肥 3 000 kg～4 000 kg 或有机肥 300 kg～450 kg，每 667 m² 施缓控释配方 40 kg，宜选用 $N-P_2O_5-K_2O$ 为 25-13-5（或相近配方）的肥料，每 667 m² 抗旱保水缓控释剂 2 kg～3 kg 与配方肥混合随整地翻入土壤。应符合 GB/T 25246、GB/T 15063 的要求。

6.2.2 追肥

拔节期每 667 m² 追施 6 kg～8 kg 尿素。

6.3 施肥方式

有机肥撒施在地表后结合土地深翻或旋耕施入；适宜机械施肥的地块，缓控释配方肥随播种机深施，施肥深度 15 cm～20 cm；作追肥的尿素施肥深度 5 cm～10 cm。

7 田间管理

7.1 查苗补苗

出苗后及时查苗，出现缺苗及时浸种催芽补种或借苗移栽。

7.2 中耕追肥

拔节期中耕除草，遇雨追肥。

7.3 集雨灌溉

充分利用小水窖、小水池等"五小"水利工程,配套渗灌、滴灌、水肥一体化等设施,在高粱关键需水期遇旱及时补灌。灌溉用水应符合 GB 5084 的要求。

8 病虫害防治

8.1 农业防治

选用抗病品种,轮作倒茬,合理密植,拔除病株。

8.2 物理防治

使用杀虫灯、色板、性诱剂、食诱剂等诱杀害虫。

8.3 生物防治

保护和利用天敌,使用苏云金杆菌、印楝素、苦参碱、枯草芽孢杆菌等生物农药防治病虫害。

8.4 化学防治

严格控制农药用量和安全间隔期。

8.4.1 防治原则　化学防治应符合 GB/T 8321 的要求。

8.4.2 主要病虫害

8.4.2.1 黑穗病

播前用戊唑醇、拌种双等种衣剂拌种预防。

8.4.2.2 炭疽病

发病初期,可选用苯醚甲环唑、吡唑醚菌酯等药剂喷雾防治,间隔 7 d～10 d,连喷 2 次～3 次。

8.4.2.3 高粱蚜

在蚜虫点片发生时,可选用噻虫嗪、高效氯氟氰菊酯等药剂喷雾防治。

8.4.2.4 玉米螟、棉铃虫

在卵孵化盛期或低龄幼虫期,可使用除脲·高氯氟、虫螨腈等药剂喷雾防治。

9 收获

蜡熟末期人工收获,完熟期机械收获。

注:有机旱作高粱标准化种植操作流程见彩图 4。

_____

ICS 65.06
CCS B91

DB1411

吕 梁 市 地 方 标 准

DB1411/T 52—2022

高粱农艺农机一体化生产技术规程

2022-11-16 发布　　　　　　　　　　　　　　2022-11-16 实施

吕梁市市场监督管理局 发布

前　言

本文件按照 GB/T 1.1—2020《标准化工作导则　第 1 部分：标准化文件的结构和起草规则》的规定起草。

请注意本文件的某些内容可能涉及专利。本文件的发布机构不承担识别专利的责任。

本文件由吕梁市农业农村局提出，组织实施和监督检查。

吕梁市市场监督管理局对标准的组织实施情况进行监督检查。

本文件由吕梁市农业标准化技术委员会归口。

本文件起草单位：吕梁市农业综合行政执法队、吕梁市现代农业发展服务中心。

本文件主要起草人：陈绥远、白雪梅、牛建中、王海燕、郭宏达、刘晓明、吴杰、贾伟、渠增平、张彩云、耿鹏义、呼丽娜。

高粱农艺农机一体化生产技术规程

1 范围

本文件规定了高粱农艺农机一体化生产技术的术语和定义、土壤条件、播前准备、播种施肥、田间管理、病虫害防治、收获及生产记录。

本文件适用于高粱农艺农机一体化生产。

2 规范性引用文件

下列文件中的内容通过文中的规范性引用而构成本文件必不可少的条款。其中,注日期的引用文件,仅该日期对应的版本适用于本文件;不注日期的引用文件,其最新版本(包括所有的修改单)适用于本文件。

GB 4404.1　粮食作物种子　禾谷类

GB/T 8321(所有部分)　农药合理使用准则

GB 15618　土壤环境质量　农用地土壤污染风险管控标准(试行)

GB/T 17997　农药喷雾机(器)田间操作规程及喷洒质量评定

GB/T 20865　免(少)耕施肥播种机

NY/T 496　肥料合理使用准则　通则

NY/T 499　旋耕机　作业质量

NY/T 995　谷物(小麦)联合收获机械　作业质量

NY/T 1997　除草剂安全使用技术规范　通则

3 术语和定义

下列术语和定义适用于本文件。

3.1

农艺农机一体化

在高粱各生产环节选择适合整地、播种、施肥、植保及收获的机械,根据机械的结构特点和作业性能优化农艺措施;根据农艺指标要求调节机械作业参数,形成适应该地区高粱机械化生产的农艺农机配套技术。

4 土壤条件

土壤环境质量应符合 GB 15618 的要求,选择地面坡度≤5°、适宜机械化耕作的田块。

5 播前准备

5.1 整地

5.1.1 农艺要求

高粱忌连作,轮作年限至少 2 年。对于每 667 m² 产 600 kg 以上的地块,结合旋耕播种作业,每 667 m² 施充分腐熟农家肥 3 000 kg～4 000 kg 或有机肥 300 kg～350 kg;对于每 667 m² 产 400 kg～600 kg 的地块,每 667 m² 施充分腐熟农家肥 2 000 kg～3 000 kg 或有机肥 200 kg～300 kg。底肥应符合 NY/T 496 的要求。

5.1.2 农机规范

旋耕作业质量应按照 NY/T 499 的规定执行。

5.2 品种选择

5.2.1 农艺要求

种子质量应符合 GB 4404.1 的要求。纯度≥93.0％、净度≥98.0％、发芽率≥80.0％、含水量≤13.0％。适宜当地生态条件。

5.2.2 农机作业要求

宜选择穗柄稍长、主茎分蘖高度基本一致、同时成熟的高粱品种。

6 播种施肥

6.1 农艺要求

播期按当地农艺要求。播种深度 3 cm～4 cm,播后随即镇压。等行距种植行距 50 cm～60 cm;宽窄行种植,宽行距 60 cm～70 cm,窄行距 30 cm～40 cm。播种机同时施配方肥每 667 m² 40 kg,配方比例:每 667 m² 产 600 kg 以上,N：P$_2$O$_5$：K$_2$O 为 25：13：5;每 667 m² 产 400 kg～600 kg,N：P$_2$O$_5$：K$_2$O 为 18：7：5。肥料使用方法应符合 NY/T 496 的要求。

6.2 农机规范

宜采用精量播种施肥机,每 667 m² 留苗 11 000 株～13 000 株。做到种肥隔离,种子与肥料间距 3 cm～5 cm。

7 田间管理

7.1 除草

7.1.1 农艺要求

除草剂使用应符合 NY/T 1997 的要求。

7.1.2 农机规范

应使用扇形雾喷头,不宜使用圆锥空心喷头。如周围已种植对喷施除草剂敏感的作物,宜使用防风喷头,并加装防风罩。无人机作业时风速应≤3.3 m/s。

7.2 中耕追肥

7.2.1 农艺要求

拔节期用中耕机进行中耕锄草追肥 1 次,每 667 m² 追施尿素 8 kg～10 kg。宽窄行种植模式在宽行中耕。

7.2.2 农机规范

采用拖拉机配套的中耕施肥机,完成行间松土、除草、施肥、培土等工序。中耕后要求土块细碎、沟垄整齐、肥料裸露率≤5％、行间杂草除净率≥95％、伤苗率≤5％,中耕施肥深度 5 cm～10 cm。

8 病虫害防治

8.1 农艺要求

农药使用应符合 GB/T 8321 的要求。

8.2 农机规范

在平原区、具备作业条件的丘陵山区,可采用中小型拖拉机配套的悬挂喷杆式喷雾机,也可采用人力背负式喷雾器进行作业。无人机作业时风速应≤3.3 m/s。喷药机械作业质量应符合 GB/T 17997 要求。

9 收获

9.1 农艺要求

在籽粒达到完熟期、叶片枯死后收获。

9.2 农机规范

宜采用谷物联合收获机收获。收获质量应符合 NY/T 995 的要求,损失率≤3%、破碎率≤1%、含杂率≤3%。

10 生产记录

建立生产档案,详细记录产地环境条件、种子品种、出苗率、病虫草害的发生及防治情况、收获日期、农机使用情况等。

注:有机旱作高粱农艺农机一体化标准化种植技术操作流程见彩图 5。

ICS 01.040.65
CCS S532

DB 1411

吕 梁 市 地 方 标 准

DB1411/T 53—2022

早熟马铃薯水肥一体化技术规程

2022-11-16 发布　　　　　　　　　　　　　　　　2022-11-16 实施

吕梁市市场监督管理局　发布

前　言

本文件按照 GB/T 1.1—2020《标准化工作导则　第 1 部分：标准化文件的结构和起草规则》的规定起草。

请注意本文件的某些内容可能涉及专利。本文件的发布机构不承担识别专利的责任。

本文件由吕梁市农业农村局提出，组织实施和监督检查。

吕梁市市场监督管理局对标准的组织实施情况进行监督检查。

本文件由吕梁市农业标准化技术委员会归口。

本文件起草单位：吕梁市农业农村局（吕梁市土壤肥料工作站）。

本文件起草人：张晓玲、牛建中、王美玲、王五虎、刘媛林、高晓勋、刘韶光、艾瑞敏、马果梅、张笑媛。

早熟马铃薯水肥一体化技术规程

1 范围

本文件规定了早熟马铃薯水肥一体化技术的术语和定义、技术要求、灌溉系统设备组成、灌溉原则、施肥原则、栽培与田间管理、病虫害防治、收获、产品质量、产品可追溯制度。

本文件适用于吕梁市早熟马铃薯种植生产。

2 规范性引用文件

下列文件中的内容通过文中的规范性引用而构成本文件必不可少的条款。其中,注日期的引用文件,仅该日期对应的版本适用于本文件;不注日期的引用文件,其最新版本(包括所有的修改单)适用于本文件。

GB 5084 农田灌溉水质标准

GB/T 8321(所有部分) 农药合理使用准则

GB 13735 聚乙烯吹塑农用地面覆盖薄膜

GB/T 17187 农业灌溉设备 滴头和滴灌管 技术规范和试验方法

GB/T 17420 微量元素叶面肥料

GB/T 25246 畜禽粪便还田技术规范

GB/T 25417 马铃薯种植机 技术条件

NY 1107 大量元素水溶肥料

NY/T 1868 肥料合理使用准则 有机肥料

NY/T 990 马铃薯种植机械 作业质量

NY/T 2624 水肥一体化技术规范 总则

NY/T 2911 测土配方施肥技术规程

3 术语和定义

下列术语和定义适用于本文件。

3.1

水肥一体化

是指借助压力系统,将可溶性固体肥料或液体肥料溶解在水中,实现水肥同步管理和高效利用的节水农业技术。按照"以水带肥、以肥促水、因水施肥、水肥耦合"的技术路径,适时适量地满足马铃薯对水分、养分的需求。

3.2

灌溉系统

利用首部控制系统、输水管道设备,配套水肥一体化灌溉技术,提高灌溉水肥利用系数的灌溉系统。

4 技术要求

水肥管理、灌溉系统应符合 NY/T 2624、GB/T 17187 的要求。

5 灌溉系统设备组成

5.1 首部控制系统

首部控制系统由离心筛网式组合过滤、移动注肥泵、施肥罐、进排气阀、压力表等组成。

5.1.1 离心泵＋网式过滤器

首先选用 DN 100 离心式过滤器，其次选用叠片式或网式过滤。离心泵运行 1 500 h～2 000 h 后，进行拆卸检查、清洗及除锈。过滤器应每月清洗 1 次。

5.1.2 移动注肥泵

适宜使用 1 kW 汽油机，工作压力 13 MPa，吸水量为 6 L/s～18 L/s，射程 5 m～15 m。

5.1.3 施肥罐

宜采用 16 L、30 L、50 L、100 L、150 L 施肥罐，工作压力≤0.8 MPa，施肥时间宜为 10 min～20 min、15 min～40 min、30 min～70 min、50 min～100 min、50 min～120 min。

5.1.4 排气阀

灌水时排出管内空气。

5.1.5 压力表

显示水压，水压以 0.1 MPa～0.15 MPa 为宜。

5.2 输水管道

5.2.1 输水主干管

选用 Φ110 mm 农用输水软管，能承受 0.4 MPa 以上压力。

5.2.2 支管

选用 Φ75 mm PE 软管，能承受 0.4 MPa 以上压力。

5.2.3 毛管

选用耐老化的低密度聚乙烯管，能承受 0.4 MPa 以上的压力，毛管长度宜在 50 m～70 m。

6 灌溉原则

以自然降水与补水灌溉相结合，根据马铃薯不同生育期需水规律，结合土壤湿润深度、田间持水量等确定灌水时间、灌水次数、灌水量。

7 施肥原则

坚持"有机肥无机肥为主，中微量元素配合"的原则，根据马铃薯目标产量、土壤肥力、肥料效应以及水溶性，确定施肥量、施肥时间和养分配比。

8 栽培与田间管理

8.1 选地整地

选择地势平缓或坡度较小、土层深厚的壤土或沙壤土，土壤 pH 5～8 为宜的地块；秋季深耕，播种前旋耕耙平，做到地平土细。

8.2 基肥

结合旋耕整地，每 667 m² 施入充分腐熟农家肥 3 000 kg～4 000 kg 或有机肥 300 kg～400 kg，每 667 m² 施缓控释配方肥 40 kg～50 kg，宜选用 N－P_2O_5－K_2O 为 18－18－18、15－5－25（或相近配方）的肥料。肥料应符合 GB/T 25246、NY/T 1868、NY/T 2911 的要求。

8.3 选种

选择早熟、生长势强、抗病虫、高产、优质的原种或一级种薯。

8.4 催芽

可在播种前 15 d～20 d 出库，置于室温 12 ℃～15 ℃散射光下催芽，随时剔除烂薯、病薯和畸形薯。

8.5 切种

播种前 2 d～3 d 进行切种，用 75％的酒精或 0.2％～0.5％的高锰酸钾水溶液作消毒液，每 4 h 消毒液更换 1 次；每人准备 2 把切刀轮流使用，如切出病薯、烂薯，马上换刀；≤50 g 种薯宜整薯播种，50 g 以上的种薯从头到尾竖切，每块保持 1 个～2 个芽眼，重量 30 g～40 g 为宜。

8.6 拌种

每 100 kg 薯块用 50％甲基硫菌灵可湿性粉剂 200 g＋72％霜脲•锰氰 100 g 兑水 100 g，与薯块搅拌均匀后加滑石粉 2 kg 拌匀即可。

8.7 起垄播种

10 cm 土壤地温稳定在 7℃～8℃即可播种。在垄上播种，宽窄行种植，播种深度 10 cm～12 cm；窄行距 60 cm，株距 25 cm～28 cm，垄宽 70 cm，垄高 20 cm～30 cm，垄间宽行距 50 cm，每 667 m² 保持 4 000 株～4 500 株，采用马铃薯播种机一次性完成开沟、起垄、播种、覆膜（优选全生物降解地膜，厚度 0.01 mm）、铺管等作业。地膜应符合 GB 13735 的要求，农机应符合 GB/T 25417、NY/T 990 的要求。

8.8 苗前培土

播种 18 d～20 d 后进行苗前培土。培土均匀，压膜严实，厚度宜 3 cm～5 cm。

8.9 水肥一体化管理

8.9.1 灌溉水源

水肥一体化技术适宜于有井、水库、蓄水池、软体集雨窖等固定水源。水质应符合 GB 5084 的要求。

8.9.2 灌水施肥

宜选用水溶性肥料或滴灌专用肥料；幼苗期、块茎形成期、块茎膨大期如遇营养不足，可叶面喷施微量元素叶面肥补充。水溶肥、叶面肥应符合 NY 1107、GB/T 17420 的要求。水肥管理见表 1。

表 1　水肥管理

生育期	天数 d	灌溉次数 次	灌溉、 施肥时间	每次每 667 m² 灌水量 m³	土壤湿润 深度 cm	肥料配方（水溶肥） N－P$_2$O$_5$－K$_2$O	每次每 667 m² 灌水时施肥量 kg
萌芽期	25	1	3 月下旬	15	10	30－10－10	5
幼苗期	15	1	4 月中旬	20	12	20－20－20	5
块茎形成期	15	2	4 月下旬至 5 月上旬	30	15	20－20－20	5
块茎膨大期	45	3	5 月中旬至 6 月下旬	30	20	12－7－40	20

9　病虫害防治

遵循"预防为主，防治结合"的植保方针，以农业防治、物理防治、生物防治措施为主，化学防治为辅。化学防治应符合 GB/T 8321 的要求。

9.1　农业防治

合理轮作，选用抗病品种，增施有机肥。

9.2　物理防治

采用杀虫灯、性诱剂、黄板等诱杀害虫。

9.3　生物防治

保护利用天敌、使用生物类、农用抗生素、生物化学类等农药防治病虫。

9.4　化学防治

严格控制农药用量和安全间隔期，主要病虫害防治见表 2。

表 2　主要病虫害防治

防治对象	农药名称	使用方法（每 667 m²）
黑胫病	12％噻菌铜水分散粒剂 20％噻唑锌悬浮剂	15 g～20 g 喷雾 80 mL～120 mL 喷雾

表2（续）

防治对象	农药名称	使用方法（每667 m²）
早疫病	70%丙森锌可湿性粉剂 30%苯甲·嘧菌酯悬浮剂 50%啶酰菌胺水分散粒剂	150 g～200 g 喷雾 40 mL～50 mL 喷雾 20 g～30 g 喷雾
黑痣病	25 g/L 咯菌腈悬浮种衣剂 10%咯菌·嘧菌酯悬浮剂	100 mL～200 mL 种薯包衣 200 mL～250 mL 喷雾
小地老虎	30%吡醚·咯·噻虫种子处理可分散粉剂 2%氟氯氰·噻虫胺颗粒剂	120 g～140 g 拌种 1 500 g～2 000 g 沟施
蚜虫	30%吡虫啉微乳油 50%吡蚜酮水分散粒剂	10 mL～20 mL 喷雾 20 g～30 g 喷雾
二十八星瓢虫	4.5%高效氯氰菊酯乳油 1.8%阿维菌素	20 mL～40 mL 喷雾 2 000 倍液～3 000 倍液喷雾

10 收获

7月上旬开始收获，避免机械收获碰破表皮，10:00—15:00 不要采收，已经起出的要及时收回，避免被太阳暴晒；及时回收滴灌带，清理不降解地膜、残枝枯叶。

11 产品质量

产品质量符合食品安全有关规定。

12 产品可追溯制度

12.1 建立生产记录档案

详细记录生产过程中种子、化肥、农药等农业投入品使用情况，病虫害发生和防治情况，以及产品销售趋向等农事操作活动。档案保存期为2年。

12.2 规范开具农产品承诺达标合格证

生产者向消费者郑重承诺：本产品按照早熟马铃薯一体化技术规程生产，在上市前规范开具农产品承诺达标合格证。

注：有机旱作春茬马铃薯水肥一体化标准化种植技术操作流程见彩图6，有机旱作秋茬西蓝花复播马铃薯水肥一体化标准化种植技术操作流程（西蓝花篇）见彩图7。

ICS 65.020.20
CCS B05

DB1411

吕 梁 市 地 方 标 准

DB1411/T 45—2022

旱地马铃薯种植技术规程

2022-11-16 发布　　　　　　　　　　　　　2022-11-16 实施

吕梁市市场监督管理局 发布

前　言

　　本文件按照 GB/T 1.1—2020《标准化工作导则　第 1 部分:标准化文件的结构和起草规则》的规定起草。

　　请注意本文件的某些内容可能涉及专利。本文件的发布机构不承担识别专利的责任。

　　本文件由吕梁市农业农村局提出,组织实施和监督检查。

　　吕梁市市场监督管理局对标准的组织实施情况进行监督检查。

　　本文件由吕梁市农业标准化技术委员会归口。

　　本文件起草单位:吕梁市农业农村局(吕梁市农业种子站、吕梁市农产品质量安全中心)。

　　本文件主要起草人:刘佳薇、于江、成殷贤、薛文平、付清平、刘秀平、王亚峰、杨理容、乔娟、张海英。

旱地马铃薯种植技术规程

1 范围

本文件规定了旱地马铃薯种植技术的术语和定义、产地环境、种植技术、田间管理、病虫草害防治、收获储藏、产品质量、产品可追溯制度。

本文件适用于吕梁市旱地马铃薯生产区域的种植。

2 规范性引用文件

下列文件中的内容通过文中的规范性引用而构成本文件必不可少的条款。其中,注日期的引用文件,仅该日期对应的版本适用于本文件;不注日期的引用文件,其最新版本(包括所有的修改单)适用于本文件。

GB 5084 农田灌溉水质标准

GB/T 8321(所有部分) 农药合理使用准则

GB/T 15063 复合肥料

GB 18133 马铃薯种薯

NY/T 496 肥料合理使用准则 通则

NY/T 525 有机肥料

NY/T 2911 测土配方施肥技术规程

3 术语和定义

下列术语和定义适用于本文件。

3.1

旱作农业

指针对旱塬区通过改善农田基本条件,选用抗旱品种、增施有机肥、实行农机农艺结合、挖掘自然降水和人工补水等措施,提高土壤蓄水保水和作物抗旱能力的农业生产方式。

3.2

旱地

指不具备河灌、井灌等条件,作物生长需水全部依靠自然降水的地块。

3.3

脱毒种薯

选择无 PSTVd 的马铃薯块茎,应用茎尖组织培养技术获得的,通过病毒检测确认不带 PVX、PVY、PVS、PVA、PVM、PLRV 和 PSTVd 的试管苗(试管薯),经脱毒种薯生产体系逐代扩繁的应符合 GB 18133 的要求。

4 产地环境

4.1 土壤条件

4.1.1 土壤要求

选择排灌方便、耕层深厚、疏松、透气性良好、富含有机质的壤土或沙壤土。

4.1.2 茬口选择

马铃薯前茬宜选择玉米、谷子等禾谷类和豆类作物,不宜选择茄科作物的地块。

4.1.3 节水抗旱措施

a) 保水剂:每 667 m² 用保水剂 2 kg～3 kg 与 10 倍～30 倍的干燥细土混匀,沿种植带沟施;

b) 集水窖:配置新型软体集雨窖,利用窖面、设施棚面及园区道路等作为集雨面,蓄集自然降水;

c) 节水灌溉:在水源方便的地块,铺设滴灌带或微喷带进行补水灌溉。

5 种植技术

5.1 品种与种薯

5.1.1 品种

选用通过国家农作物品种审定委员会或山西省农作物品种审定委员会审定,品质优、产量高、适应性广、抗病性强、商品性好、适合当地种植的品种。

5.1.2 种薯

种薯质量应符合 GB 18133 要求的脱毒种薯。播种前淘汰薯形不规则、表皮粗糙老化、芽眼凸出、皮色暗淡的薯及病薯,应选用壮龄薯进行播种。

5.2 播前准备

5.2.1 整地

播前深耕或深松 30 cm 且精细整地,达到地平、土细、上虚下实。

5.2.2 施肥原则

增施有机肥;重施基肥,轻用种肥;基肥为主,追肥为辅;合理施用氮磷肥,适当增施钾肥;肥料施用应与高产优质栽培技术相结合。施肥应按照 NY/T 496、NY/T 525、NY/T 2911 的规定执行。

5.2.3 基肥

根据土壤肥力和目标产量确定施肥量,一般每 667 m² 施腐熟农家肥 2 000 kg～3 000 kg 或有机肥 200 kg～300 kg,也可每 667 m² 施用缓控释配方肥 $N-P_2O_5-K_2O$ 为 18-18-18、18-9-18 或相近配方的复合肥料 40 kg。施用基肥应符合 GB/T 15063 的要求。

5.3 种薯处理

5.3.1 催芽

播种前 15 d～20 d 出窖,将种薯置于具有散射光、16 ℃～20 ℃ 的条件下,摊开 2 层～3 层,催出 0.5 cm～1 cm 紫色壮芽,随时剔除劣质种薯。

5.3.2 切种

可以在播种前 3 d～5 d 进行切块。对于≤50 g 的种薯宜整薯播种;50 g 以上的种薯进行切块,从头到尾竖切,重量以 30 g～40 g 为宜,每个薯块保留 1 个～2 个芽眼。为防止切刀传病,使用前应用 75％ 的乙醇(酒精)擦拭干净或 5％ 的高锰酸钾浸泡切刀,多把切刀交替消毒使用。将切好的种块晾晒或与滑石粉掺混。

5.3.2.1 拌种

种薯切块以后,将切好的种块与草木灰掺混,每 100 kg 薯块选用滑石粉加 70％ 甲基硫菌灵,或用 60％ 吡虫啉悬浮剂加 70％ 丙森锌可湿性粉剂 100 g 喷雾进行拌种。

5.4 播种

5.4.1 播种期

依品种、气候、耕作制度适期播种,避免早霜及晚霜的危害。10 cm 地温稳定在 7 ℃～8 ℃ 时开始播种。平川区一般在 4 月 20 日以后开始播种,山区在 5 月初开始播种。

5.4.2 播种量

根据品种、土壤肥力、栽培季节、种植方式和生产目的而定。一般切块播种每 667 m² 用种量 100 kg～150 kg。

5.4.3 播种

开沟播种时采用犁开沟,沟深 10 cm～15 cm,按株距要求将种薯点入沟中,种薯与种肥间隔 10 cm,然后再开犁覆土,种完一行后空一犁再点种;采用机械化垄作一垄双行,宽窄垄栽培,宽行 75 cm,窄行

45 cm,垄高15 cm,播深15 cm,起垄、播种、施肥一次完成。优先选用全生物降解地膜,播种时切块切面向下。

5.4.4 种植密度

一般早熟品种每667 m² 种植3 500株～4 500株;中晚熟品种每667 m² 种植3 000株～3 500株。株距依密度而定。

6 田间管理

6.1 中耕培土

机播覆膜地块出苗前7 d～10 d在种植行上培土3 cm。露地种植需中耕培土,中耕分2次进行。第一次在苗高5 cm～6 cm时,结合除草培土3 cm～4 cm;第二次在现蕾后进行,同时培土6 cm以上。

6.2 追肥

现蕾前结合降雨情况追肥培土,每667 m² 追尿素10 kg～15 kg。有条件的地块追肥后浇水。

6.3 集雨灌溉

充分利用小水窖、小水池等"五小"水利工程,配套渗灌、滴灌、水肥一体化等设施,在马铃薯关键需水期遇旱及时补灌,灌溉用水应符合GB 5084的要求。

7 病虫草害防治

7.1 农业防治

合理轮作,选用抗病品种,增施有机肥,合理密植,科学肥水管理。

7.2 物理防治

采用黄色粘虫板诱杀蚜虫;安装频振式杀虫灯诱杀小地老虎、金龟子等;利用银灰膜、防虫网等方法驱避阻隔害虫;人工捕杀二十八星瓢虫、豆芫菁等害虫。

7.3 生物防治

保护利用自然天敌或释放天敌防治害虫,使用生物防菌剂防治病害。

7.4 化学防治

化学防治应按照GB/T 8321的规定,严格控制农药用量和安全间隔期。

7.4.1 防除杂草

7.4.1.1 苗前除草

a) 覆膜马铃薯田,播种后3 d～7 d,用二甲戊灵、乙草胺、精异丙甲草胺等药剂及其复配制剂兑水喷雾于土壤表面,处理后覆盖薄膜;

b) 非覆膜马铃薯田,在土壤墒情较好的情况下,选用上述药剂播后苗前进行土壤封闭处理。

7.4.1.2 苗后除草

马铃薯出苗后杂草2叶～4叶期,用精喹禾灵、烯草酮、高效氟吡甲禾灵等药剂及其复配制剂防治马唐、稗草等禾本科杂草;用砜嘧磺隆、嗪草酮、灭草松等药剂及其复配制剂定向行间喷雾防治反枝苋、马齿苋、牛繁缕等阔叶杂草。

7.4.2 晚疫病

发现中心病株及时拔除,并对病穴处撒石灰消毒。发病初期选用丙森锌、氟啶胺、氰霜唑,或枯草芽孢杆菌等保护性杀菌剂进行全田喷雾处理。进入流行期后,依据监测预报,选用烯酰吗啉、氟噻唑吡乙酮、丁子香酚、噁酮·霜脲氰、氟菌·霜霉威、霜脲·嘧菌酯、嘧菌酯等药剂进行防控。施药间隔根据降水量和所用药剂的持效期决定,一般间隔5 d～10 d,连喷2次～3次。喷药后4 h内遇雨应及时补喷。

7.4.3 黑痣病

播种时用25 g/L咯菌腈悬浮种衣剂种薯包衣或用10%咯菌·嘧菌酯悬浮剂每667 m² 200 mL～250 mL喷雾。

7.4.4 地下害虫

幼苗期,每 667 m² 可喷施 50％辛硫磷乳油 1 000 倍液与炒熟的谷子或麻油饼 20 kg 或灰藜等鲜草 80 kg 拌匀,于傍晚撒在幼苗根部附近进行诱杀。

7.4.5 蚜虫

每 667 m² 用 30％吡虫啉微乳油 10 mL～20 mL 或 50％ 吡蚜酮水分散粒剂 20 g～30 g 等药剂进行叶面喷雾,同时可预防病毒病,重点喷植株叶背面,施药间隔期 7 d～10 d。

7.4.6 二十八星瓢虫

在卵孵化盛期至 2 龄幼虫分散前,交替喷施 4.5％高效氯氰菊酯、1.8％阿维菌素等药剂 2 次～3 次,重点喷叶背面,施药间隔期 7 d～10 d。

7.4.7 豆芫菁

每 667 m² 用 4.5％高效氯氰菊酯乳油 20 mL～30 mL 喷雾防治。

8 收获储藏

8.1 收获

8.1.1 收获时间

当地上部枯黄、块茎充分成熟时,选择晴天进行收获。在收获过程中,避免机械损伤,捡拾、装袋宜轻拿轻放,防止块茎被暴晒、雨淋、霜冻和长时间暴露在阳光下。

8.1.2 收获方法

采用人工收获或机械收获,应及时包装、运输、储藏。采收所用器具应清洁、卫生、无污染。

8.2 储藏

临时储存时,应在阴凉、通风、清洁、卫生的条件下,严防暴晒、雨淋、冻害及有毒物质和病虫害的危害,存放时应堆放整齐,防止挤压等造成损伤。中长期储藏时,应按品种、规格分别堆放,要保证有足够的散热间距和空间。应防止发芽和污染。

9 产品质量

产品质量应符合食品安全有关规定。

10 产品可追溯制度

10.1 建立统一农户档案制度

详细记录生产过程中种子、化肥、农药等农业投入品使用情况,病虫害的发生和防治情况,以及产品销售趋向等农事操作活动。档案保存期为 2 年。

10.2 开具农产品承诺达标合格证

生产者应向消费者郑重承诺:本产品按照马铃薯旱作栽培技术规程生产。上市前应规范开具农产品承诺达标合格证。

注:有机旱作马铃薯标准化种植技术操作流程见彩图 8。

———————————

ICS　65.020.20
CCS B05

DB1411

山 西 省 吕 梁 市 地 方 标 准

DB1411/T 20—2020
代替 DB141100/T 020—2007

吕梁山区绿豆生产技术规程

2020-03-01发布　　　　　　　　　　　　　　2020-03-01实施

吕梁市市场监督管理局　发布

前　　言

本文件按照 GB/T 1.1—2020 给出的规则起草。

本文件代替 DB 141100/T 020—2007《无公害农产品　绿豆生产技术规程》，与 DB141100/T 020—2007 相比，除结构调整和编辑性改动外，主要变化如下：

a)　名称变更为《吕梁山区绿豆生产技术规程》；

b)　调整了规范性引用文件中相关内容，使所引用标准现行有效（见第 2 章）；

c)　充实了产地环境中的内容（见第 3 章）；

d)　增加了施肥的内容（见 4.2）；

e)　修改了主要病虫害（见 5.1）；

f)　修改了农业防治、物理防治、药剂防治的内容（见 5.3）；

g)　修改了产品质量安全检测及储藏、生产记录档案的内容（见第 7 章）。

本文件由吕梁市农业农村局提出、归口并监督实施。

本文件起草单位：吕梁市农业技术推广工作站、吕梁市农产品质量安全中心。

本文件主要起草人：王建才、成殷贤、薛志强、成美清、于金萍、刘跃斌、刘新军、王旭军、张海萍、柳婧、李典、王唐清、白如雪。

本文件及其所代替文件的历次版本发布情况为：

——2007 年首次发布为 DB141100/T 020—2007，2020 年第一次修订；

——本次为第二次修订。

吕梁山区绿豆生产技术规程

1 范围

本文件规定了吕梁山区绿豆生产的产地环境、生产技术、病虫害防治、采收、产品质量安全检测及储藏、生产记录档案。

本文件适用于吕梁市范围内吕梁山区绿豆生产。

2 规范性引用文件

下列文件中的内容通过文中的规范性引用而构成本文件必不可少的条款。其中，注日期的引用文件，仅该日期对应的版本适用于本文件；不注日期的引用文件，其最新版本（包括所有的修改单）适用于本文件。

GB 4404.2　粮食作物种子　第 2 部分：豆类

GB/T 8321（所有部分）　农药合理使用准则

NY/T 1276　农药安全使用规范

NY/T 2798.2　无公害农产品　生产质量安全控制技术规范　第 2 部分：大田作物产品

NY/T 5295　无公害农产品　产地环境评价准则

3 生产基地环境条件

3.1 产地选择

生产基地须选择在无污染和生态环境良好的地区，远离工矿区和公路干线，避开工业和城市污染源的影响，产地周围没有对产地环境可能造成污染的污染源。产地环境应符合 NY/T 5295 的要求。

3.2 土壤条件

土壤耕层深厚、地势平坦、排灌方便、土壤结构适宜、理化性状良好，富含有机质的土壤，避免重茬、迎茬。

4 生产技术

4.1 品种选择

选用适应性广、优质丰产、抗逆性强、商品性好的品种。种子质量应符合 GB 4404.2 的要求。

4.2 整地施肥

忌重茬，应与禾谷类或薯类作物实行 2 年～3 年的轮作倒茬。播前整地，深耕细耙，要求上虚下实、无坷垃、深浅一致、地平土碎。结合深耕整地，施足基肥，每 667 m^2 施用充分腐熟的有机肥 1 500 kg～2 000 kg、纯氮（N）3 kg～5 kg、磷（P_2O_5）8 kg～10 kg、钾（K_2O）3 kg～4 kg。

4.3 播种

4.3.1 播期

根据当地气候条件和耕作制度，绿豆是喜温作物，应掌握春播适时、夏播抢早的原则，5 cm 地温稳定在 14 ℃以上时是绿豆春播的始期。春播以 5 月 10 日—25 日最好，夏播以 6 月 10 日—20 日最好，不宜晚于 6 月底。

4.3.2 播量

要根据品种特性、气候条件和土壤肥力等因素来确定，一般下种量要保证在留苗数 2 倍以上。条播和穴播一般每 667 m^2 播量为 1.5 kg～2 kg，撒播每 667 m^2 播量为 4 kg。

4.3.3 播深

黏土和湿墒地，播深以 3 cm～4 cm 为宜，土松缺水地，播深以 4 cm～5 cm 为宜。

4.3.4 方法

绿豆的播种方法有条播、穴播和撒播,以条播为多。

4.3.5 种植密度

绿豆种植密度随品种、地力和栽培方式不同而异,一般掌握早熟种密,晚熟种稀;直立型密,半蔓型稀,蔓生型更稀;肥地稀、瘦地密;早种稀、晚种密的原则。一般密度每 667 m² 为 8 000 株～10 000 株。

4.4 田间管理

及时中耕除草,可在第一片复叶展开后,结合间苗进行第一次浅锄;第二片复叶展开后,结合定苗进行第二次中耕;分枝期结合培土进行第三次深中耕。

5 病虫害防治

5.1 绿豆主要病虫害

主要病害有根腐病、病毒病、叶斑病、白粉病等,主要虫害有地老虎、蚜虫、螟虫、双斑萤叶甲等。

5.2 防治原则

以"预防为主、综合防治"为指导。优先采用农业防治、物理防治和生物防治,科学使用化学防治,达到吕梁山区绿豆生产安全、优质、高产的目的。

5.3 防治方法

5.3.1 农业防治

选用抗病虫品种,精选种子,汰除病粒。合理轮作倒茬,及时耕翻土壤,防止和减少幼虫或虫卵越冬;培育无病虫害壮苗;适期播种,避开病虫害高发期。

5.3.2 物理防治

根据害虫生物学特性采用色板、杀虫灯、机械人工捕捉、糖醋液诱杀害虫。

5.3.3 生物防治

保护和利用自然天敌,采用生物农药防治病虫害。

5.3.4 药物防治

使用药剂时,应首选低毒、低残留、广谱、高效农药,注意交替使用农药。严格按照 GB/T 8321、NY/T 1276 的规定执行。禁止使用高毒、剧毒、高残留农药。

5.3.4.1 根腐病

播种前用 2.5％的咯菌腈悬浮种衣剂按种子量的 0.6％～0.8％,或 35％的精甲霜灵种子处理乳剂按种子量的 0.04％～0.08％拌种。

5.3.4.2 病毒病

选用 20％盐酸吗啉胍可湿性粉剂 500 倍液或 15％三氮唑核苷·铜·锌可湿性粉剂 500 倍液～700 倍液喷雾防治。

5.3.4.3 锈病、叶斑病、枯萎病、白粉病

发病初期,选用 25％嘧菌酯悬浮剂 1 000 倍液～1 500 倍液喷雾,每隔 7 d～10 d 喷 1 次,连喷 2 次～3 次。

5.3.4.4 地下害虫

每 667 m² 用 50％辛硫磷乳油 40 mL 加适量的水,加麦麸(或煮半熟的玉米面)5 kg,拌匀后闷 5 h,晾干,播种时施入播种沟内。

5.3.4.5 蚜虫

选用 10％吡虫啉可湿性粉剂 1 500 倍液或 3％的啶虫脒可湿性粉剂 1 500 倍液喷雾。

5.3.4.6 螟虫类和食心虫

在成虫盛发至幼虫入荚前,选用 20％氰戊菊酯乳油或 4.5％的高效氯氰菊酯乳油或 2.5％溴氰菊酯乳油 2 000 倍液～3 000 倍液喷雾防治。

5.3.4.7 红蜘蛛

用 20％哒螨灵乳油 2 000 倍液或 20％螨死净乳油 800 倍液～1 000 倍液喷雾防治。

5.3.4.8 双斑萤叶甲

用 50％辛硫磷 1 500 倍液或 2.5％高效氯氟氰菊酯 1 500 倍液～2 000 倍液防治。

6 采收

6.1 分次收获

植株上 70％左右的豆荚成熟后，开始采摘，以后每隔 6 d～8 d 收摘 1 次。

6.2 一次性收获

植株上 80％以上的豆荚成熟后，收割。

7 产品质量安全检测及储藏

产品质量安全检测按照 NY/T 2798.2 的规定执行。籽粒含水量降至 13％以下才可入库储存，仓库需有良好的防湿、隔热、通风、密闭性能，严防霉变、虫蛀和污染。

8 生产记录档案

建立吕梁山区绿豆生产档案，详细记录投入品名称、有效成分、登记证号、防治对象、使用量、使用方法、使用时间、使用地点及面积、使用人员、安全间隔期等信息。生产档案要至少保存 2 年。

注：有机旱作绿豆标准化种植技术操作流程见彩图 9。

————————————

ICS 65.020.20
CCS B05

DB1411

山 西 省 吕 梁 市 地 方 标 准

DB1411/T 36—2020
代替 DB141100/T 036—2014

冷凉区荞麦生产技术规程

2020-03-01 发布
2020-03-01 实施

吕梁市市场监督管理局 发布

前　　言

本文件按照 GB/T 1.1—2020 给出的规则起草。

本文件代替了 DB141100/T 036—2014《绿色食品　荞麦生产技术规程》，与 DB141100/T 036—2014 相比，除结构调整和编辑性改动外，主要变化如下：

a)　名称变更为《冷凉区荞麦生产技术规程》；

b)　调整了肥料使用量（见 4.2.2.3.1）；

c)　调整了播种方法（见 4.3.3）；

d)　修改了主要病虫害（见 5.1）；

e)　修改了色板，增加了近年来推广使用的糖醋液的防治方法（见 5.3.2）；

f)　修改了生物防治病虫害办法（见 5.3.3）；

g)　修改了药剂防治病虫害办法（见 5.3.4）。

本文件由吕梁市农业农村局提出、归口并监督实施。

本文件起草单位：吕梁市农业技术推广工作站、吕梁市农产品质量安全中心。

本文件主要起草人：王建才、成殷贤、薛志强、李晓梅、成美清。

本文件及其所代替文件的历次版本发布情况为：

——2014 年首次发布为 DB141100/T 036—2014，2020 年第一次修订；

——本次为第二次修订。

冷凉区荞麦生产技术规程

1 范围

本文件规定了冷凉区荞麦生产的生产基地环境条件、生产技术措施、病虫害防治、收获储藏及产品质量溯源。

本标准适用于吕梁市范围内冷凉区荞麦生产。

2 规范性引用文件

下列文件中的内容通过文中的规范性引用而构成本文件必不可少的条款。其中，注日期的引用文件，仅该日期对应的版本适用于本文件；不注日期的引用文件，其最新版本（包括所有的修改单）适用于本文件。

GB 4404.3 粮食作物种子 第3部分：荞麦

NY/T 391 绿色食品 产地环境质量

NY/T 393 绿色食品 农药使用准则

NY/T 394 绿色食品 肥料使用准则

NY/T 525 有机肥料

NY/T 1056 绿色食品 储藏运输准则

NY/T 1276 农药安全使用规范

3 生产基地环境条件

3.1 产地环境

环境质量应符合NY/T 391的要求。冷凉区荞麦生产基地须选择在无污染和自然生态环境好的地区。基地必须远离工矿区和公路干线，避开工业和城市污染源的影响。包括工业"三废"、农业废弃物、城市垃圾和生活污水等。具体要求生产基地要距高速公路、国道1 000 m以上，距地方主干道500 m以上，距医院、生活污染源2 000 m以上，距工矿企业1 000 m以上，上风口不得有工业污染源。

3.2 土壤条件

土壤耕层深厚，结构适宜，理化性状良好，有机质含量丰富、耕性好、通风透光的田块可种植荞麦。在茬口调配上应忌重茬、避迎茬。

4 生产技术措施

4.1 种子

拒绝使用转基因荞麦品种，种子质量应符合GB 4404.3的要求。应选用优质、高产、抗病虫、抗逆性强，适合当地栽培的荞麦品种。

4.2 播前准备

4.2.1 种子处理

播前剔除病粒、残粒、虫食粒及杂粒。

4.2.2 整地施肥

4.2.2.1 施肥原则

施肥应符合NY/T 394的要求，尽量减少肥料使用次数，提倡使用无害化处理的农家肥、绿色食品和有机食品专用肥。使用的有机肥应符合NY/T 525的要求。

4.2.2.2 整地

采用深松、细耙相结合的土壤耕作方法精细整地。前茬收获后，深耕20 cm以上，耕后细耙1遍～2

遍,耙深 12 cm～15 cm,做到上虚下实、深浅一致、地平土碎。

4.2.2.3 施肥

4.2.2.3.1 施肥量

每 667 m² 施充分腐熟的有机肥 1 500 kg～2 000 kg、氮肥(N)4 kg～6 kg、磷肥(P₂O₅)2 kg～3 kg。

4.2.2.3.2 施肥方法

底肥:将基肥均匀地撒在地面上,耕翻入土;追肥:根据荞麦的生长情况,可采用追肥或叶面喷肥及时补充生长发育所需的肥料。

4.3 播种

4.3.1 播种期

一般在 7 月上中旬播种。

4.3.2 播种量

甜荞每 667 m² 播种量为 3 kg～3.5 kg,苦荞每 667 m² 播种量为 2 kg～2.5 kg。每 667 m² 留苗 3 万株～4 万株。

4.3.3 播种方法

采用楼播、犁播,播深一般为 3 cm～4 cm,干旱时可加深至 5 cm～6 cm。

4.4 田间管理

4.4.1 查苗、补苗

子叶出土后及时查苗、补苗,缺苗断垄的应及时补种。

4.4.2 间苗、定苗

真叶展开前进行人工间苗。间苗后 3 d～5 d 定苗。

4.4.3 中耕、培土

及时松土,促进生长发育。3 叶期间的苗,使苗分布均匀,苗高 9 cm～10 cm 时每 10 d 中耕 1 次,直至现蕾期封垄。

4.4.4 辅助授粉

在开花盛期的 8:00—10:00 用一条较软的布,两端系上绳子或竹竿由两人各执一端,沿植株拂过,轻轻晃动,让花粉振落在花上。每隔 2 d～3 d 1 次,进行 2 次～3 次。有条件的地方可放养蜜蜂,平均 2 000 m² 放养 1 箱。

5 病虫害防治

5.1 主要病虫害

本地主要病虫害有立枯病、轮纹病、蚜虫、钩刺蛾等。

5.2 防治原则

遵循"预防为主、综合防治"的方针和科学植保、绿色植保的理念,以规范栽培管理的预防措施为主,采用综合防控的技术。使用农药应符合 NY/T 393、NY/T 1276 的要求。

5.3 防治措施

5.3.1 农业防治

选用抗病虫品种,轮作倒茬,培育壮苗,精耕细作。

5.3.2 物理防治

根据害虫生物学特性采用色板、杀虫灯、机械人工捕捉、糖醋液诱杀害虫。

5.3.3 生物防治

保护和利用自然天敌,采用生物农药防治病虫害。

5.3.4 药剂防治

5.3.4.1 优先选用微生物源、植物源、矿物源农药防治病虫害,使用化学农药时应按照 NY/T 393、

NY/T 1276 的规定执行。

6 收获储藏

6.1 收获

一般大部分植株 2/3 籽粒呈现黑褐色时收获,收获宜在阴雨天或湿度大的清晨至 11:00 前进行。

6.2 储藏运输

荞麦的储藏运输应符合 NY/T 1056 的要求。脱粒后及时晾晒,籽粒含水量降至 13% 以下方可入库储藏。仓库需有良好的防湿、隔热、通风、密闭性能,可防霉变、虫蛀和污染。尽量保持稳定的低温、干燥环境条件,门窗设网防止鸟、鼠、虫入内。

7 产品质量溯源

7.1 建立统一农户档案制度

绘制基地分布图和地块分布图,并进行统一编号。农户档案应包括基地名称、地块编号、农户姓名、作物品种及种植面积。

7.2 建立统一的生产记录档案

详细记录生产过程中的农事活动、投入品使用、产品销售趋向等,建立完善的可追溯制度。

注:有机旱作荞麦标准化种植技术操作流程见彩图 10。

ICS 65.020.20
CCS B05

DB 1411

山 西 省 吕 梁 市 地 方 标 准

DB1411/T 37—2020
代替 DB141100/T 037—2014

冷凉区莜麦生产技术规程

2020-03-01发布   2020-03-01实施

吕梁市市场监督管理局 发布

前　　言

本文件按照 GB/T 1.1—2020 给出的规则起草。

本文件代替 DB141100/T 037—2014《绿色食品　莜麦生产技术规程》，与 DB141100/T 037—2014 相比，除结构调整和编辑性改动外，主要变化如下：

a) 名称变更为《冷凉区莜麦生产技术规程》；

b) 调整了肥料使用量（见 4.2.2.3.1）；

c) 修改了主要病虫害（见 5.1）；

d) 修改了色板，增加了近年来推广使用的糖醋液的防治方法（见 5.3.2）；

e) 修改了生物防治病虫害办法（见 5.3.3）；

f) 修改了药剂防治病虫害办法（见 5.3.4）。

本文件由吕梁市农业农村局提出、归口并监督实施。

本文件起草单位：吕梁市农业技术推广工作站、吕梁市农产品质量安全中心。

本文件主要起草人：王建才、成殷贤、薛志强、李晓梅、成美清。

本文件及其所代替文件的历次版本发布情况为：

——2014 年首次发布为 DB141100/T 037—2014，2020 年第一次修订；

——本次为第二次修订。

冷凉区莜麦生产技术规程

1 范围

本文件规定了冷凉区莜麦的生产基地环境条件、生产技术措施、病虫害防治、收获储藏及产品质量溯源等要求。

本文件适用于吕梁市范围内冷凉区莜麦的生产。

2 规范性引用文件

下列文件中的内容通过文中的规范性引用而构成本文件必不可少的条款。其中,注日期的引用文件,仅该日期对应的版本适用于本文件;不注日期的引用文件,其最新版本(包括所有的修改单)适用于本文件。

GB 4404.4 粮食作物种子 第 4 部分:燕麦

NY/T 391 绿色食品 产地环境质量

NY/T 393 绿色食品 农药使用准则

NY/T 394 绿色食品 肥料使用准则

NY/T 525 有机肥料

NY/T 1056 绿色食品 储藏运输准则

NY/T 1276 农药安全使用规范

3 生产基地环境条件

3.1 产地环境

环境质量应符合 NY/T 391 的要求。冷凉区莜麦生产基地须选择在无污染和自然生态环境好的地区。基地必须远离工矿区和公路干线,避开工业和城市污染源的影响。包括工业"三废"、农业废弃物、城市垃圾和生活污水等。具体要求生产基地要距高速公路、国道 1 000 m 以上,距地方主干道 500 m 以上,距医院、生活污染源 2 000 m 以上,距工矿企业 1 000 m 以上,上风口不得有工业污染源。

3.2 土壤条件

壤土、黏壤土的坡地和低洼地都可种植莜麦。不宜连作,前茬以豆科作物最好,胡麻、马铃薯也是较好的前茬作物。

4 生产技术措施

4.1 种子

拒绝使用转基因莜麦品种,种子质量应符合 GB 4404.4 的要求。应选用优质、高产、抗病虫、抗逆性强,适合当地栽培的莜麦品种。

4.2 播前准备

4.2.1 种子处理

播前剔除病粒、残粒、虫食粒及杂粒。

4.2.2 整地施肥

4.2.2.1 施肥原则

施肥应符合 NY/T 394 的要求。尽量减少肥料使用次数,提倡使用无害化处理的农家肥、绿色食品和有机食品专用肥。使用的有机肥应符合 NY/T 525 的要求。

4.2.2.2 整地

采用深松、细耙相结合的土壤耕作方法精细整地。前茬收获后,深耕 20 cm 以上,耕后细耙 1 遍～2 遍,耙深 12 cm～15 cm,做到上虚下实、深浅一致、地平土碎。

4.2.2.3 施肥

4.2.2.3.1 施肥量

每 667 m² 基施农家肥 1 500 kg～2 000 kg,化学肥料每 667 m² 施氮肥(N)6 kg、磷肥(P_2O_5)3 kg。

4.2.2.3.2 施肥方法

底肥:将基肥均匀地撒在地面上,耕翻入土;追肥:根据莜麦的生长情况,可采用追肥或叶面喷肥及时补充生长发育所需的肥料。

4.3 播种

4.3.1 播种期

5 月中下旬播种。

4.3.2 播种量

每 667 m² 基本苗 20 万株～30 万株。播种量每 667 m² 8 kg～10 kg。

4.3.3 播种方法

播种深度一般为 3 cm 左右。墒情好的低洼地可适当浅些,但不得浅于 2 cm;墒情差的可适当深些,一般不超过 5 cm,播后镇压。

4.4 田间管理

4.4.1 苗期管理

苗期要早锄、浅锄,去除杂草。

4.4.2 中期管理

分蘖拔节期,旱地应趁雨追肥。在分蘖期和拔节后各中耕 1 次,重点放在第一锄,要深锄、碎锄、锄净,严禁拉大锄。第二锄要浅锄。

4.4.3 后期管理

莜麦开花灌浆期,可用 0.2%～0.3%磷酸二氢钾水溶液与 20%的尿素溶液混合作根外追肥,每 667 m² 喷液 70 kg。1 周后再复喷 1 次,促进灌浆,提高粒重。

5 病虫害防治

5.1 主要病虫害

本地主要病虫害有坚黑穗病、蚜虫等。

5.2 防治原则

遵循"预防为主、综合防治"的方针和科学植保、绿色植保的理念,以规范栽培管理的预防措施为主,采用综合防控的技术。使用农药应符合 NY/T 393、NY/T 1276 的要求。

5.3 防治措施

5.3.1 农业防治

选用抗病虫品种,轮作倒茬,培育壮苗,精耕细作。

5.3.2 物理防治

根据害虫生物学特性采用色板、杀虫灯、机械人工捕捉、糖醋液诱杀害虫。

5.3.3 生物防治

保护和利用自然天敌,采用生物农药防治病虫害。

5.3.4 药剂防治

优先选用微生物源、植物源、矿物源农药防治病虫害,使用化学农药时应按照 NY/T 393、NY/T 1276 的规定执行。如蚜虫可用吡虫啉、吡蚜酮、啶虫脒进行防治。

6 收获储藏

6.1 收获

莜麦穗部有3/4小穗籽粒成熟时,即可收获。

6.2 储藏运输

莜麦的储藏运输应符合NY/T 1056的要求。脱粒后及时晾晒,籽粒含水量降至13%以下方可入库储藏。仓库需有良好的防湿、隔热、通风、密闭性能,可防霉变、虫蛀和污染。尽量保持稳定低温、干燥环境条件,门窗设网防止鸟、鼠、虫入内。

7 产品质量溯源

7.1 建立统一农户档案制度

绘制基地分布图和地块分布图,并进行统一编号。农户档案应包括基地名称、地块编号、农户姓名、作物品种及种植面积。

7.2 建立统一的生产记录档案

详细记录生产过程中的农事活动、投入品使用、产品销售趋向等,建立完善的可追溯制度。

注:有机旱作莜麦标准化种植技术流程见彩图11。

ICS 65.020.20
CCS B05

DB1411

山 西 省 吕 梁 市 地 方 标 准

DB1411/T 34—2020
代替 DB141100/T 034—2014

吕梁山区红芸豆生产技术规程

2020-03-01发布

2020-03-01实施

吕梁市市场监督管理局 发布

前　　言

本文件按照 GB/T 1.1—2020 给出的规则起草。

本文件代替 DB141100/T 034—2014《绿色食品　红芸豆生产技术规程》，与 DB 141100/T 034—2014 相比，除结构调整和编辑性改动外，主要变化如下：

a)　名称变更为《吕梁山区红芸豆生产技术规程》；

b)　调整了肥料使用量(见 4.2.2.3.1)；

c)　调整了播期(见 4.3.1)；

d)　调整了农膜使用规格(见 4.3.3)；

e)　增加了双斑萤叶甲和根腐病(见 5.1)；

f)　修改了色板，增加了近年来推广使用的糖醋液的防治方法(见 5.3.3)；

g)　修改了生物防治病虫害办法(见 5.3.3)；

h)　修改了药剂防治病虫害办法(见 5.3.4)。

本文件由吕梁市农业农村局提出、归口并监督实施。

本文件起草单位：吕梁市农业技术推广工作站、吕梁市农产品质量安全中心。

本文件主要起草人：王建才、成殿贤、薛志强、成美清、张海萍、柳婧。

本文件及其所代替文件的历次版本发布情况为：

——2014 年首次发布为 DB141100/T 034—2014；

——本次为第一次修订。

吕梁山区红芸豆生产技术规程

1 范围

本文件规定了吕梁山区红芸豆的生产基地环境条件、生产技术措施、病虫害防治、收获储藏及产品质量溯源。

本文件适用于吕梁市范围内吕梁山区红芸豆生产。

2 规范性引用文件

下列文件中的内容通过文中的规范性引用而构成本文件必不可少的条款。其中,注日期的引用文件,仅该日期对应的版本适用于本文件;不注日期的引用文件,其最新版本(包括所有的修改单)适用于本文件。

GB 4404.2 粮食作物种子 第2部分:豆类

NY/T 391 绿色食品 产地环境质量

NY/T 393 绿色食品 农药使用准则

NY/T 394 绿色食品 肥料使用准则

NY/T 525 有机肥料

NY/T 1056 绿色食品 储藏运输准则

NY/T 1276 农药安全使用规范

3 生产基地环境条件

3.1 产地环境

环境质量应符合NY/T 391的要求。吕梁山区红芸豆生产基地须选择在无污染和自然生态环境好的地区。基地必须远离工矿区和公路干线,避开工业和城市污染源的影响。包括工业"三废"、农业废弃物、城市垃圾和生活污水等。具体要求生产基地要距高速公路、国道1 000 m以上,距地方主干道500 m以上,距医院、生活污染源2 000 m以上,距工矿企业1 000 m以上,上风口不得有工业污染源。

3.2 土壤条件

土壤耕层深厚,结构适宜,理化性状良好,有机质丰富、耕性好、通风透光的田块可种植红芸豆。在茬口调配上应忌重茬、避迎茬。

4 生产技术措施

4.1 种子

不得使用转基因红芸豆品种,种子质量要符合GB 4404.2的要求。应选用优质、高产、抗病虫、抗逆性强,适合当地栽培的红芸豆品种。

4.2 播前准备

4.2.1 种子处理

播前剔除病粒、残粒、虫食粒及杂粒。

4.2.2 整地施肥

4.2.2.1 施肥原则

施肥应符合NY/T 394的要求,尽量减少肥料使用次数,提倡使用无害化处理的农家肥、绿色食品和有机食品专用肥。使用的有机肥应符合NY/T 525的要求。

4.2.2.2 整地

采用深松、细耙相结合的土壤耕作方法精细整地。前茬收获后,深耕20 cm以上,耕后细耙1遍～2

遍,耙深 12 cm～15 cm,做到上虚下实、深浅一致、地平土碎。

4.2.2.3 施肥

4.2.2.3.1 施肥量

施用肥料应按照 NY/T 394 的规定执行。采用测土配方施肥,施肥比例氮: 磷:钾($N：P_2O_5：K_2O$)一般为 3：5：2。若有条件尽量采取测土配方,若无条件可参照以下实践建议:底肥至少每 667 m² 施充分腐熟的有机肥(堆肥、厩肥等)2 000 kg、三元复合肥 20 kg＋根瘤菌肥 5 kg(或磷酸二铵 12 kg＋硫酸钾 5 kg＋根瘤菌肥 5 kg)。豆科作物不需再追施氮肥,可在开花前叶面喷施磷酸二氢钾。

4.2.2.3.2 施肥方法

底肥:将基肥均匀地撒在地面上,耕翻入土;追肥:根据红芸豆的生长情况,可采用追肥或叶面喷肥及时补充生长发育所需的肥料。

4.3 播种

4.3.1 播种期

当田间 5 cm～10 cm 耕层温度达到 10 ℃～12 ℃即可播种。一般在 5 月下旬播种。

4.3.2 播种量

适宜密度为每 667 m² 1.2 万株～1.4 万株。播种量为每 667 m² 5 kg～7 kg。

4.3.3 播种方法

穴播或条播。可采用地膜覆盖。穴播每穴 2 粒～3 粒,条播行距 40 cm～50 cm,播深 3.5 cm～4 cm。采用地膜覆盖,可选用膜宽 70 cm～80 cm,厚度 0.01 mm 农膜,农膜回收率达 80％,膜侧打孔种植。土壤疏松、墒情较差宜深些。覆土厚度均匀一致。

4.4 田间管理

4.4.1 查苗、补苗

子叶出土后及时查苗、补苗,缺苗断垄的应移稠补稀或育苗移栽,严重缺苗的要带水补种。

4.4.2 间苗、定苗

真叶展开前进行人工间苗。间苗后 3 d～5 d 定苗。

4.4.3 中耕、培土

真叶展开后,进行中耕。第一次中耕应在第一片复叶展开时,一般中耕 2 次～3 次。培土在最后一次中耕时进行,培土高度为 5 cm～7 cm。地膜覆盖田要定时检查,防风掀起和刮破地膜,压严盖好,及时破除播种孔上的板结。

5 病虫害防治

5.1 主要病虫害

本地主要病虫害有蚜虫、红蜘蛛、双斑萤叶甲、根腐病、锈病、炭疽病等。

5.2 防治原则

遵循"预防为主、综合防治"的方针和科学植保、绿色植保的理念,以规范栽培管理的预防措施为主,采用综合防控的技术。使用农药应符合 NY/T 393、NY/T 1276 的要求。

5.3 防治措施

5.3.1 农业防治

选用抗病虫品种,轮作倒茬,培育壮苗,精耕细作。

5.3.2 物理防治

根据害虫生物学特性,采用色板、杀虫灯、机械人工捕捉、糖醋液诱杀害虫。

5.3.3 生物防治

保护和利用自然天敌,采用生物农药防治病虫害。

5.3.4 药剂防治

优先选用微生物源、植物源、矿物源农药防治病虫害,使用化学农药时应按照 NY/T 393、NY/T 1276 的规定执行。

6 收获储藏

6.1 收获

全株 2/3 荚果变黄、籽粒变硬、呈固有色泽、下部叶变黄脱落,即可收获,晾晒 5 d～7 d 后打籽。采用地膜覆盖的,及时回收处理废旧地膜。

6.2 储藏运输

红芸豆的储藏运输应符合 NY/T 1056 的要求。脱粒后及时晾晒,籽粒含水量降至 13% 以下方可入库储藏。仓库需有良好的防湿、隔热、通风、密闭性能,可防霉变、虫蛀和污染。尽量保持稳定低温、干燥环境条件,门窗设网防止鸟、鼠、虫入内。

7 产品质量溯源

7.1 建立统一农户档案制度

绘制基地分布图和地块分布图,并进行统一编号。农户档案应包括基地名称、地块编号、农户姓名、作物品种及种植面积。

7.2 建立统一的生产记录档案

详细记录生产过程中的农事活动、投入品使用、产品销售趋向等,建立完善的可追溯制度。

注:有机旱作红芸豆标准化种植技术操作流程见彩图 12。

ICS 65.020.20
CCS B31

DB1411

吕 梁 市 地 方 标 准

DB1411/T 21—2022
代替 DB1411/T 2—2020

露地番茄生产技术规程

2022-11-16 发布　　　　　　　　　　　　　2022-11-16 实施

吕梁市市场监督管理局 发布

前　　言

本文件按照 GB/T 1.1—2020《标准化工作导则　第 1 部分：标准化文件的结构和起草规则》的规定起草。

请注意本文件的某些内容可能涉及专利。本文件的发布机构不承担识别专利的责任。

本文件代替 DB1411/T 2—2020《露地优质番茄生产技术规程》，与 DB 1411/T 2—2020 相比，除结构调整和编辑性改动外，主要变化如下：

　　a)　修订了文件名称，名称变更为《露地番茄生产技术规程》；

　　b)　修订了产地环境条件内容（见第 4 章）；

　　c)　修订了种子处理内容（见 5.2.2）；

　　d)　修订了播种方法内容（见 5.3.3）；

　　e)　修订了施肥内容（见 5.4.1.2）；

　　f)　修订了定植时间及方法（见 5.4.2）；

　　g)　修订了肥水管理内容（见 5.5.1）；

　　h)　增加了规范性引用文件中的 8 个标准（见 2020 版的第 2 章）；

　　i)　增加了术语和定义内容（见第 3 章）；

　　j)　删除了规范性引用文件中的 1 个标准（见 2020 版的第 2 章）；

　　k)　删除了禁止使用的高毒高残留农药（见 2020 版的 4.6）。

本文件由吕梁市农业农村局提出，组织实施和监督检查。

吕梁市市场监督管理局对标准的组织实施情况进行监督检查。

本文件由吕梁市农业标准化技术委员会归口。

本文件起草单位：吕梁市农业农村局（吕梁市蔬菜经营指导站、吕梁市农产品质量安全中心、吕梁市乡村振兴局）。

本文件起草人：孙凌、王美玲、张晓玲、刘媛林、赵红梅、高晓勋、郭景玉、郭清平、马卫华、张玉娥、王艳胜。

本文件及其所代替文件的历次版本发布情况为：

——2020 年首次发布为 DB1411/T 2—2020；

——本次为第一次修订。

露地番茄生产技术规程

1 范围

本文件规定了露地番茄生产的术语和定义、产地环境条件、生产技术、病虫害防治、采收、产品质量、产品可追溯制度、田园清洁。

本文件适用于吕梁市范围内梯田、塬地、滩地等地栽培。

2 规范性引用文件

下列文件中的内容通过文中的规范性引用而构成本文件必不可少的条款。其中,注日期的引用文件,仅该日期对应的版本适用于本文件;不注日期的引用文件,其最新版本(包括所有的修改单)适用于本文件。

GB/T 8321(所有部分) 农药合理使用准则

GB 13735 聚乙烯吹塑农用地面覆盖薄膜

GB 16715.3 瓜菜作物种子 第3部分:茄果类

NY/T 391 绿色食品 产地环境质量

NY/T 496 肥料合理使用准则 通则

NY/T 525 有机肥料

NY/T 1276 农药安全使用规范

NY/T 1868 肥料合理使用准则 有机肥料

NY/T 2312 茄果类蔬菜穴盘育苗技术规程

3 术语和定义

下列术语和定义适用于本文件。

3.1

旱作农业

指针对旱塬区通过改善农田基本条件,选用抗旱品种、增施有机肥、实行农机农艺结合、挖掘自然降水和人工补水等措施,提高土壤蓄水、保水和作物抗旱能力的农业生产方式。

4 产地环境条件

4.1 产地选择

番茄栽培产地环境条件应符合 NY/T 391 的要求,远离工矿区和公路干线、生态环境良好、无污染的平坦地块。

4.2 土壤条件

选择土层深厚、排水良好、富含有机质的肥沃壤土,土壤 pH 7~8 为宜。

5 生产技术

5.1 种子

5.1.1 栽培季节

晚霜结束后定植,夏、秋季上市。

5.1.2 品种选择

选用抗病、抗逆、优质、丰产、耐储运、商品性好、适应市场的品种。

5.1.3 种子质量

应符合 GB 16715.3 的要求。

5.2 培育壮苗

5.2.1 育苗设施

选用温室、大棚或露地小拱棚育苗。采用穴盘、营养钵等护根育苗设施,穴盘育苗应符合 NY/T 2312 的要求。

5.2.2 种子处理

5.2.2.1 催芽

将要播种的种子在清水中泡 1 h~2 h,筛选出一些无效种子。同时使其外表种皮松软后对种子进行消毒。

5.2.2.2 种子消毒

将种子放置在 50 ℃ 的温水中浸泡 20 min,在此过程中要不停地搅拌,保证种子受热均匀,也要保证水温不变;20 min 以后,将水温降至 30 ℃,恒温浸泡 5 h 左右,取出滤干水,放置在 28 ℃ 的恒温箱中催芽,催芽过程中保持湿润。当 70% 以上种子露白时即可播种。

5.2.3 苗床准备

用 70% 甲基托布津或 50% 多菌灵可湿性粉剂 800 倍液~1 000 倍液对育苗场地进行消毒。选用育苗专用基质,调节含水量为 50%~60% 装入 72 孔或 105 孔的穴盘。

5.3 播种

5.3.1 播种期

根据栽培季节、气候条件、育苗手段选择适宜的播种期,以 4 月上旬为宜。

5.3.2 播种量

每 667 m² 播种量 25 g~30 g。

5.3.3 播种方法

将装好的穴盘打孔 1 cm,每穴放 1 粒发芽的种子,覆盖基质喷水,摆入苗床,覆盖塑料膜保温保湿。覆膜应符合 GB 13735 的要求。

5.3.4 苗床管理

出苗前,保持苗床温度在 25 ℃~30 ℃ 条件下,一般 5 d~7 d 即可出苗。出苗后要通风降温,白天保持气温在 20 ℃~25 ℃,夜间控温在 10 ℃~15 ℃。出苗 1 周后,白天保持气温在 23 ℃~28 ℃,夜间控温在 12 ℃~15 ℃。定植前 1 周,加强通风炼苗,适应定植环境。

5.3.5 壮苗标准

株高 15 cm 左右,4 叶~6 叶,茎秆粗壮,节间短,叶色浓绿,根系发达,无病虫害,无机械损伤。

5.4 定植

5.4.1 整地施肥

5.4.1.1 施肥原则

根据番茄生长特性、土壤性状及肥力状况,以有机肥为主,有机无机相结合。选用肥料应符合 NY/T 496、NY/T 525 和 NY/T 1868 的要求。

5.4.1.2 施肥

结合整地,每 667 m² 施充分腐熟有机肥 3 000 kg~4 000 kg 或商品有机肥 300 kg~400 kg,硫酸钾型 N-P₂O₅-K₂O 为 14-6-20 的配方肥或相近配方肥 40 kg~50 kg。深翻 30 cm~35 cm,耕后耙糖整平,按垄距 130 cm、垄宽 60 cm、垄高 15 cm 起垄覆膜。

5.4.2 定植时间及方法

当地温稳定至 12 ℃ 以上时定植。一垄双行,株距 40 cm~45 cm,打孔定植,封严定植孔。早春定植,应选无风晴天上午进行。一般每 667 m² 2 500 株~3 000 株。

5.5 田间管理

5.5.1 肥水管理

定植后及时浇水，7 d 后长出新叶后浇缓苗水，然后进行中耕蹲苗。结果期 10 d～15 d 浇 1 次水，每隔一水追 1 次肥，每次可追复合肥 20 kg 或水溶肥 5 kg～10 kg。无水源条件的，结果期结合降雨酌情追施 1 次～2 次高钾配方肥、复合肥或复混肥，每 667 m² 每次 15 kg～20 kg。结合病虫害防治，叶面喷施 0.3％ 磷酸二氢钾或 1 000 倍液黄腐酸或氨基酸叶面肥。

5.5.2 植株调整

5.5.2.1 支架、绑蔓

用细竹竿支架，并及时绑蔓。

5.5.2.2 整枝

无限生长的中晚熟品种采取单干整枝，及时摘除侧枝。

5.5.2.3 摘心、打叶

于拉秧前 45 d～50 d 摘心。为了提高摘心效果，应坚持稍早勿晚的原则，摘心时应于顶部果穗上留 2 片叶。在番茄的结果盛期以后，对基部的病叶、黄叶可陆续摘除。

5.5.3 疏花疏果

大果型品种每穗选留 3 果～4 果，中果型品种每穗留 4 果～6 果。

6 病虫害防治

6.1 田间主要病虫害

病毒病、猝倒病、立枯病、晚疫病、早疫病、灰霉病、青枯病、蚜虫、粉虱、潜叶蝇、棉铃虫等。

6.2 防治原则

按照"预防为主、综合防治"的植保方针，坚持以农业防治、物理防治、生物防治为主，化学防治为辅的绿色防控原则。农药使用严格按照 GB/T 8321、NY/T 1276 的规定执行。不得使用国家明令禁止蔬菜生产禁限用农药。

6.3 防治措施

6.3.1 农业防治

清洁田园，轮作倒茬，合理密植，选用抗逆品种，平衡施肥。

6.3.2 物理防治

利用频振灯、性诱剂等诱杀害虫，色板诱杀蚜虫、粉虱。

6.3.3 化学防治

化学防治应符合 GB/T 8321 的要求。严格控制农药用量和安全间隔期，主要病虫害防治见表 1。

表 1　主要病虫害防治

病虫害	农药名称	使用方法
灰霉病	50％腐霉利可湿性粉剂	每 667 m² 40 g～60 g 喷雾
	20％嘧霉胺悬浮剂	每 667 m² 150 g～180 g 喷雾
病毒病	8％宁南霉素水剂	每 667 m² 75 mL～104 mL 喷雾
	50％氯溴异氰尿酸可溶粉剂	每 667 m² 60 g～70 g 喷雾
	6％寡糖•链蛋白可湿性粉剂	每 667 m² 75 g/m²～100 g/m² 喷雾
猝倒病	3 亿 CFU/g 哈茨木霉菌可湿性粉剂	4 g/m²～6 g/m² 灌根
	0.8％精甲•嘧菌酯颗粒剂	3 g/m²～5 g/m² 撒施
立枯病	3 亿 CFU/g 哈茨木霉菌可湿性粉剂	4 g/m²～6 g/m² 灌根

表 1（续）

病虫害	农药名称	使用方法
早疫病	80％多菌灵水分散粒剂 500 g/L异菌脲悬浮剂 80％代森锰锌可湿性粉剂	每 667 m² 62.5 g～80 g 喷雾 每 667 m² 75 mL～100 mL 喷雾 每 667 m² 150 g～200 g 喷雾
晚疫病	250 g/L嘧菌酯悬浮剂 10％氟噻唑吡乙酮可分散油悬浮剂 0.5％氨基寡糖素水剂	每 667 m² 75 mL～90 mL 喷雾 每 667 m² 13 mL～20 mL 喷雾 每 667 m² 187 mL～250 mL 喷雾
青枯病	5 亿 CFU/g 多黏类芽孢杆菌悬浮剂 3％中生菌素可湿性粉剂 30％噻森酮悬浮剂	每 667 m² 2 000 mL～3 000 mL 灌根 600 倍液～800 倍液，灌根 每 667 m² 67 mL～107 mL 灌根或喷雾
蚜虫	1.5％苦参碱可溶液剂 10％溴氰虫酰胺可分散油悬浮剂	每 667 m² 30 g～40 g 喷雾 每 667 m² 33.3 mL～40 mL 喷雾
潜叶蝇	10％溴氰虫酰胺可分散油悬浮剂 2.5％高效氯氰菊酯乳油	每 667 m² 14 mL～18 mL 喷雾 每 667 m² 50 mL～60 mL 喷雾
粉虱	2.5％联苯菊酯水乳剂 25％噻虫嗪水分散粒剂	每 667 m² 30 g～40 g 喷雾 每 667 m² 7 g～15 g 喷雾
棉铃虫	10％溴氰虫酰胺可分散油悬浮剂 14％氯虫·高氯氟微囊悬浮剂	每 667 m² 14 mL～18 mL 喷雾 每 667 m² 15 mL～20 mL 喷雾

7 采收

果实发红后及时采摘上市，避免坠秧。9月中下旬采收结束及时拉秧，清理架杆。用于远距离销售的可在果实刚转红时采收，用于当地市场销售的可在果实全红后采收。

8 产品质量

产品质量应符合食品安全相关国家标准。

9 产品可追溯制度

9.1 建立生产记录档案

详细记录生产过程中种子、化肥、农药等农业投入品使用情况，病虫害的发生和防治情况及产品销售趋向等农事操作活动。档案保存期为 2 年。

9.2 规范开具农产品承诺达标合格证

生产者应向消费者郑重承诺：本产品按照露地番茄栽培技术规程生产。上市前应规范开具农产品承诺达标合格证。

10 田园清洁

生产周期结束后不降解的地膜，及时清理送交回收点。残枝枯叶进行无害化处理。

注：有机旱作番茄标准化种植技术操作流程见彩图 13。

ICS 65.020.20
CCS B05

DB1411

山 西 省 吕 梁 市 地 方 标 准

DB1411/T 5—2020

代替 DB141100/T 005—2007

露地优质茄子生产技术规程

2020-03-01 发布

2020-03-01 实施

吕梁市市场监督管理局 发布

前　言

本文件按照 GB/T 1.1—2009 给出的规则起草。

本文件代替 DB141100/T 005—2007《无公害农产品　茄子生产技术规程》,与 DB141100/T 005—2007 相比,除结构调整和编辑性改动外,主要变化如下:

 a)　修订了文件名称,名称变更为《露地优质茄子生产技术规程》;

 b)　修订了产地选择内容(见 3.1);

 c)　修订了播种期内容(见 4.2.4.1);

 d)　修订了施肥原则内容(见 4.3.1.1);

 e)　修订了病虫害防治内容(见 4.5);

 f)　增加了生产档案内容(见第 6 章);

 g)　删除了规范性引用文件中的三个标准(见 2007 版第 2 章);

 h)　删除了环境质量(见 2007 版 3.5)。

本文件由吕梁市农业农村局提出、归口并监督实施。

本文件起草单位:吕梁市蔬菜经营指导站、吕梁市农产品质量安全中心、文水县农业农村局。

本文件起草人:孙凌、樊建东、成殷贤、于金萍、王唐清、任永生、王旭军、温晓燕、马果梅、张婧、张慧琼、王晋斐。

本文件于 2007 年 8 月第一次发布,2020 年 3 月为第一次修订。

本文件实施过程中的问题可以向吕梁市农业农村局、吕梁市市场监督管理局反馈。联系电话:0358 - 3386009、0358 - 8226297。

露地优质茄子生产技术规程

1 范围

本文件规定了露地优质茄子生产的产地环境条件、生产技术、采收及生产档案要求。

本文件适用于吕梁市露地优质茄子生产。

2 规范性引用文件

下列文件对于本文件的应用是必不可少的。凡是注日期的引用文件,仅注日期的版本适用于本文件;凡是不注日期的引用文件,其最新版本(包括所有的修改单)适用于本文件。

GB/T 8321(所有部分) 农药合理使用准则

GB 16715.3 瓜菜作物种子 第 3 部分:茄果类

NY/T 1276 农药安全使用规范

NY/T 5010 无公害农产品 种植业产地环境条件

3 产地环境条件

3.1 产地选择

生产基地须选择在生态环境良好、无污染的地区,远离工矿区和公路干线,避开工业和城市污染源。产地环境质量应符合 NY/T 5010 的要求。

3.2 土壤条件

土壤耕层深厚、地势平坦、排灌方便、土壤结构适宜、理化性状良好、富含有机质的壤土或沙质壤土,土壤 pH 以 7.0～7.5 为宜。

3.3 前茬

前茬为非茄科作物。

3.4 灌水条件

平原农区禁用地表水源灌溉,地下水源灌溉取水层深度大于 50 m;山地农区上游没有工矿污染的可用地表水。

4 生产技术

4.1 种子

4.1.1 品种选择

选用优质、高产、抗病虫、抗逆性强、商品性好、耐储运、适合本地栽培、适应市场需求的茄子品种。春茬生产选择耐低温弱光、果实发育快的早、中熟品种;夏、秋茬生产选择耐热、抗病的中、晚熟品种。

4.1.2 种子质量

符合 GB 16715.3 的要求。

4.2 培育壮苗

4.2.1 育苗设施

根据季节、气候条件的不同,选用温室、塑料棚、阳畦、露地温床等育苗设施,有条件的可采用穴盘育苗和工厂化育苗。夏季露地育苗要有防雨、防虫、遮阳设施。

4.2.2 种子处理

4.2.2.1 种子消毒

有如下两种方法,可根据病害任选其一。

a) 先用冷水浸种 3 h～4 h,然后用 55 ℃温水浸泡 30 min,立即用冷水降温晾干后备用,或用 40%福尔马林 300 倍液浸种 15 min,洗净后晾干备用(防褐纹病);

b) 用 50%多菌灵可湿性粉剂 500 倍液浸种 2 h,洗净晾干后备用(防黄萎病)。

4.2.2.2 催芽

将经消毒清洗后的种子在阴凉处晾至种皮稍干时,用湿布包好,置 28 ℃条件下催芽,每 4 h～6 h 用清水淘洗 1 次,一般 4 d 即可出芽。当 80%以上种子发芽时,即可播种。

4.2.3 育苗床准备

4.2.3.1 床土配制

选用近 3 年～5 年来未种过茄科蔬菜的园土与优质腐熟有机肥混合,有机肥比例不低于 30%。

4.2.3.2 床土消毒

有如下三种方法,可任选其一。

a) 用 50%琥胶肥酸铜可湿性粉剂 500 倍液分层喷洒于土上,拌匀后铺入苗床;

b) 50%多菌灵可湿性粉剂与 50%福美双可湿性粉剂按 1∶1 混合,或 25%甲霜灵可湿性粉剂与 70%代森锰锌可湿性粉剂按 9∶1 混合,1 m² 苗床用药 8 g～9 g 与 15 kg～30 kg 细土混合均匀,播种时 2/3 铺于床面,1/3 盖在种子上;

c) 用 70%甲基托布津可湿性粉剂或 50%多菌灵可湿性粉剂 8 g～10 g,掺细土 5 kg,均匀撒在 1 m² 育苗床内。

4.2.4 播种

4.2.4.1 播种期

露地茄子一般采用春茬栽培,2 月下旬播种。

4.2.4.2 播种量

一般每 667 m² 播种量 50 g 左右。

4.2.4.3 播种方法

播种前先将苗床用温水浇透,然后在苗床土上普撒配制好的药土 2/3,播种后再撒 1/3 的药土和细潮土 0.8 cm～1.0 cm,最后盖塑料膜保温保湿。

4.2.5 苗床管理

茄子育苗初期主要是温度管理。播种后,苗床温度白天保持 30 ℃～35 ℃,夜间 20 ℃～22 ℃;出苗后,白天为 30 ℃,夜间 12 ℃～20 ℃。采用电热温床育苗的床温较高,水分容易蒸发,可根据土壤墒情补充水分。2 片真叶时即应分苗,密度以 18 cm 见方为宜。分苗后苗床温度白天应保持在 30 ℃左右,夜间保持在 17 ℃～20 ℃,缓苗后夜间温度可降至 18 ℃,定植前必须达到壮苗标准。

4.2.6 壮苗标准

株高 15 cm 左右,长出 7 片～9 片真叶,叶片大而厚,叶色浓绿带紫,根系多,无病虫害,无机械损伤。

4.2.7 嫁接

4.2.7.1 嫁接方法

砧木用野生赤茄,接穗为栽培茄子,接穗比砧木晚播 10 d～15 d,砧木 4 片～5 片真叶,接穗 3 片～4 片真叶时进行嫁接。目前主要采用靠接法。

4.2.7.2 嫁接后管理

嫁接后加扣小拱棚遮阳,提高温度,增加湿度。温度白天 25 ℃～28 ℃,夜间 16 ℃～18 ℃,湿度 90%～95%以上,并喷 1 次 75%百菌清可湿性粉剂 500 倍液。4 d 后逐渐见光,6 d～7 d 后小放风降低温度,10 d 伤口愈合后进入正常管理。

4.3 定植

4.3.1 定植前整地施肥

4.3.1.1 施肥原则

以有机肥为主,化肥为辅。禁止使用未经国家和省级农业部门登记的化学肥料或生物肥料、硝态氮肥;禁止使用城市垃圾、污泥、工业废渣。

4.3.1.2 整地

前茬收获后,及时清洁田园,深耕 20 cm,耙糖整平。

4.3.1.3 施肥

结合整地,每 667 m² 施优质腐熟有机肥 5 000 kg～6 000 kg、过磷酸钙 15 kg～20 kg、硫酸钾 10 kg～15 kg。

4.3.2 定植时间

茄子定植时间必须是终霜期以后,10 cm 深处的地温稳定在 15 ℃以上。

4.3.3 定植方法

一般采用大垄双行,内紧外松的方法定植,小行距 50 cm、株距 40 cm。用打孔器打孔后,将带有壮苗的土坨栽到埯内。可适当深栽,露出子叶为宜,然后浇水封埯。

4.4 田间管理

4.4.1 肥水管理

浇水提倡膜下滴灌或暗灌。定植后 4 d～6 d 浇缓苗水,门茄膨大时,结合浇水,追一次"催果肥",每 667 m² 追施硫酸铵 15 kg～20 kg 或磷酸二铵 8 kg～10 kg。对茄及四门斗茄膨大期每 7 d～10 d 追施一次速效性肥,化肥和有机肥交替使用,每 667 m² 每次追施尿素 15 kg～20 kg 或腐熟饼肥 100 kg。

4.4.2 整枝摘叶

当门茄长到 3 cm 左右时就可去掉第一侧枝以下的叶片。茄子整枝一般仅把门茄以下靠近基部的几个侧枝摘除,留 2 个～3 个侧枝,以减少养分的无效消耗,并有利于通风透光,在生长中后期,下部衰老枯黄的叶片要及早打掉。

4.5 病虫害防治

4.5.1 主要病虫害

猝倒病、立枯病、叶霉病、灰霉病、早疫病、青枯病、绵疫病、黄萎病、白粉虱、红蜘蛛、蓟马、蚜虫等。

4.5.2 防治原则

按照"预防为主、综合防治"的植保方针,坚持以农业防治、物理防治、生物防治为主,化学防治为辅的无害化控制原则。

4.5.3 防治方法

4.5.3.1 农业防治

清洁田园,实行轮作倒茬,选用品种,培育适龄壮苗,测土平衡施肥,增施充分腐熟的有机肥。

4.5.3.2 物理防治

利用杀虫灯、性诱剂等物理防治方法。

4.5.3.3 药剂防治

药剂防治应符合 GB/T 8321、NY/T 1276 的要求。严格控制农药用量和安全间隔期,主要病虫害防治见表1。

表 1 主要病虫害防治

病虫害	农药名称	使用方法(每 667 m²)
猝倒病、立枯病	30%多·福可湿性粉剂 45%五氯·福美双粉剂	53 360 g～100 050 g 土壤处理 4 669 g～6 003 g 土壤处理
叶霉病	70%甲基硫菌灵可湿性粉剂	35.7 g～53.6 g 喷雾
灰霉病	50%硫黄·多菌灵可湿性粉剂 20%二氯异氰尿酸钠可溶粉剂	135 g～166 g 喷雾 187.5 g～250 g 喷雾

表 1（续）

病虫害	农药名称	使用方法（每 667 m²）
早疫病	720 g/L 百菌清悬浮剂 80%多菌灵水分散粒剂	70 mL～95 mL 喷雾 62.5 g～80 g 喷雾
青枯病	0.1 亿 CFU/g 多黏类芽孢杆菌细粒剂	200 g 喷雾 1 050 g～1 400 g 灌根
绵疫病	250 g/L 嘧菌酯悬浮剂	40 mL～72 mL 喷雾
黄萎病	1 000 亿芽孢/g 枯草芽孢杆菌可湿性粉剂 3%氨基寡糖素水剂	20 g～30 g 喷雾 80 mL～100 mL 喷雾
白粉虱	200 g/L 吡虫啉可溶液剂 25%噻虫嗪水分散粒剂	15 mL～30 mL 喷雾 7 g～115 g 喷雾
红蜘蛛	240 g/L 虫螨腈悬浮剂 0.5%藜芦碱可溶液剂	20 mL～30 mL 喷雾 120 g～140 g 喷雾
蓟马	10%联苯·虫螨腈悬浮剂 25 g/L 多杀霉素悬浮剂 240 g/L 虫螨腈悬浮剂	60 g～80 g 喷雾 67 mL～100 mL 喷雾 20 mL～30 mL 喷雾
蚜虫	1.5%苦参碱可溶液剂 10%溴氰虫酰胺可分散油悬浮剂 5%高氯·啶虫脒乳油	30 g～40 g 喷雾 33.3 mL～40 mL 喷雾 235 mL～40 mL 喷雾

4.6 禁止使用的高毒高残留农药

杀虫脒、氰化物、磷化铝、六六六、滴滴涕、氯丹、甲胺磷、甲拌磷（3 911）、对硫磷（1 605）、甲基对硫磷（甲基 1 605）、内吸磷（1 059）、苏化 203、杀螟磷、磷胺、异丙磷、三硫磷、氧化乐果、磷化锌、克百威、水胺硫磷、久效磷、三氯杀螨醇、涕灭威、灭多威、氟乙酰胺、有机汞制剂、砷制剂、西力生、赛力散、溃疡净、五氯酚钠、401、二溴氯丙烷等和其他高毒、高残留农药。

5 采收

根据品种特性适时采收，门茄采收宜早不宜迟。

6 生产档案

建立生产档案，详细记录产地环境条件、生产技术、病虫害防治和采收等各环节所采取的具体措施。生产档案保存期为 2 年。

ICS 65.020.20
CCS B05

DB1411

吕 梁 市 地 方 标 准

DB1411/T 30—2022

辣椒旱作栽培技术规程

2022-11-16 发布

2022-11-16 实施

吕梁市市场监督管理局 发布

前　言

本文件按照 GB/T 1.1—2020《标准化工作导则　第 1 部分：标准化文件的结构和起草规则》的规定起草。

请注意本文件的某些内容可能涉及专利。本文件的发布机构不承担识别专利的责任。

本文件由吕梁市农业农村局提出，组织实施和监督检查。

吕梁市市场监督管理局对标准的组织实施情况进行监督检查。

本文件由吕梁市农业标准化技术委员会归口。

本文件起草单位：吕梁市农业农村局（吕梁市蔬菜经营指导站、吕梁市农产品质量安全中心、吕梁市土壤肥料工作站）。

本文件起草人：孙凌、刘媛林、张晓玲、王美玲、艾瑞敏、吴季蓉、马卫华、张文剑、张昶。

辣椒旱作栽培技术规程

1 范围

本文件规定了旱作辣椒生产的术语和定义、产地环境条件、旱作生产技术、病虫害防治、采收、产品质量、产品可追溯制度、清理回收。

本文件适用于吕梁市范围内梯田、塬地、滩地等辣椒的旱作栽培。

2 规范性引用文件

下列文件中的内容通过文中的规范性引用而构成本文件必不可少的条款。其中，注日期的引用文件，仅该日期对应的版本适用于本文件；不注日期的引用文件，其最新版本（包括所有的修改单）适用于本文件。

GB 5084 农田灌溉水质标准

GB/T 8321（所有部分） 农药合理使用准则

GB 13735 聚乙烯吹塑农用地面覆盖薄膜

GB 16715.3 瓜菜作物种子 第3部分：茄果类

NY/T 391 绿色食品 产地环境质量

NY/T 496 肥料合理使用准则 通则

NY/T 525 有机肥料

NY/T 1276 农药安全使用规范

NY/T 1868 肥料合理使用准则 有机肥料

NY/T 2312 茄果类蔬菜穴盘育苗技术规程

3 术语和定义

下列术语和定义适用于本文件。

3.1

旱作农业

指针对旱塬区通过改善农田基本条件，选用抗旱品种、增施有机肥、实行农机农艺结合、挖掘自然降水和人工补水等措施，提高土壤蓄水、保水和作物抗旱能力的农业生产方式。

4 产地环境条件

4.1 产地选择

辣椒栽培产地选择远离工矿区和公路干线、生态环境良好、无污染的梯田、塬地、滩地地块，环境条件应符合 NY/T 391 的要求。

4.2 土壤条件

土壤疏松，排水良好的沙壤土、壤土，土壤 pH 以 6.2～7.2 为宜。前茬宜为非茄科类作物。

5 旱作生产技术

5.1 品种选择

选用优质、高产、抗病虫、抗逆性强、商品性好、耐储运、适合本地栽培、适应市场需求的辣椒品种。

5.2 种子质量

应符合 GB 16715.3 的要求。

5.3 培育壮苗

5.3.1 育苗设施

选用温室、大棚或露地小拱棚育苗。采用穴盘、营养钵等护根育苗方式。育苗技术应符合 NY/T 2312

的要求。

5.3.2 种子处理

5.3.2.1 种子消毒

a) 温汤浸种：用 55 ℃温水浸泡 15 min，不断搅动至水温 30 ℃，再继续浸种 4 h，清洗干净附着在种子表面的黏液后晾干催芽；

b) 药剂消毒：先用常温水浸种 2 h 后，用高锰酸钾 1 000 倍液浸种 10 min 或 10％磷酸三钠浸种 20 min～30 min。

5.3.2.2 催芽

将经消毒浸泡后的种子洗净，用湿布包好，置 25 ℃～30 ℃的环境下保湿催芽。4 d～5 d 即可出芽，当 70％以上种子发芽时即可播种。

5.3.3 苗床准备

用 70％甲基托布津或 50％多菌灵可湿性粉剂 800 倍液～1 000 倍液对育苗场地进行消毒。选用育苗专用基质，调节含水量为 50％～60％后装入 72 孔或 105 孔的穴盘。

5.4 播种

5.4.1 播种期

根据栽培季节、气候条件、育苗手段，选择适宜的播种期，一般在 3 月上旬。

5.4.2 播种量

根据种子大小及密度而定，一般每 667 m² 用种量在 50 g 左右。

5.4.3 播种方法

包衣种子可直播。将装好的穴盘打孔 1 cm，每穴平放 1 粒发芽的种子，覆盖基质 1 cm 喷水，摆入苗床，覆盖塑料膜保温保湿。覆膜应符合 GB 13735 的要求。

5.4.4 苗床管理

在保持床土 20 ℃左右条件下一般经 5 d～7 d 即可出苗。幼苗出土后适当降温，气温白天 20 ℃～25 ℃，夜间 18 ℃～20 ℃，土温在 18 ℃以上。籽苗长到 2 叶 1 心期，即可分苗。移苗至缓苗期，要注意保温保湿促缓苗，缓苗后要控温降湿保生根。在定植前必须达到壮苗标准。

5.4.5 壮苗标准

株高 15 cm 左右，6 片～8 片真叶，叶色深绿，单株，根系发达，无病虫害，无机械损伤。

5.5 定植

5.5.1 整地施肥

5.5.1.1 施肥原则

根据旱作区的生产特点、土壤特性及施肥现状，应以有机肥为主，有机无机相结合，增施作物秸秆肥。选用肥料应符合 NY/T 496、NY/T 525、NY/T 1868 的要求。

5.5.1.2 施肥

结合整地，每 667 m² 施充分腐熟农家肥 3 000 kg～4 000 kg 或商品有机肥 300 kg～400 kg、硫酸钾型 N－P₂O₅－K₂O(18－7－20)配方肥或相近配方肥 40 kg～50 kg。深翻 30 cm～35 cm，耕后耙糖整平，按垄距 120 cm、垄宽 50 cm、垄高 15 cm 起垄覆膜。

5.5.2 节水抗旱措施

a) 保水剂：每 667 m² 用保水剂 2 kg～3 kg，与配方肥混合均匀随整地翻入土壤；

b) 集水窖：配置新型软体集雨窖，利用窖面、设施棚面及园区道路等作为集雨面，蓄集自然降水；

c) 节水灌溉：在水源方便的地块，铺设滴灌带或微喷带进行补水灌溉。

5.5.3 定植时间及方法

当地温稳定至 12 ℃以上时定植。双行种植，株距 25 cm～30 cm，打孔蓄水稳苗，封严定植孔。早春定植，应选无风晴天上午进行。一般每 667 m² 4 000 株～4 500 株。

5.6 田间管理

5.6.1 肥水管理

有水源条件的,采用膜下滴灌或暗灌,定植后 3 d～4 d 浇缓苗水。然后进行蹲苗,门椒坐住后,结合浇水追施大量元素水溶肥每 667 m^2 5 kg～10 kg。结果期结合浇水追肥 2 次～3 次,每 667 m^2 追施高钾大量元素水溶肥 5 kg～10 kg。无水源条件的,结果期结合降雨酌情追施 1 次～2 次高钾复合肥或配方肥,每 667 m^2 每次 15 kg～20 kg。结合病虫害防治,叶面喷施 0.3% 磷酸二氢钾或 1 000 倍液黄腐酸或氨基酸叶面肥。灌溉水质应符合 GB 5084 的要求。

5.6.2 植株调整

门椒开花后,及时摘除下部侧枝,改善通风。

5.6.3 中耕除草

降雨或浇水后,及时进行中耕除草。

6 病虫害防治

6.1 田间主要病虫害

炭疽病、疫病、病毒病、青枯病、蚜虫、棉铃虫、烟青虫等。

6.2 防治原则

按照"预防为主、综合防治"的植保方针,坚持以农业防治、物理防治、生物防治为主,化学防治为辅的绿色防控原则。农药使用严格按照 GB/T 8321、NY/T 1276 的规定执行。不得使用国家明令禁止蔬菜生产禁限用农药。

6.3 防治措施

6.3.1 农业防治

清洁田园,轮作倒茬,选用抗病品种,平衡施肥。

6.3.2 物理防治

利用频振灯、性诱剂等诱杀叶蛾成虫,黄板诱杀蚜虫。

6.3.3 化学防治

使用药剂时严格按照 GB/T 8321 的规定执行。严格控制农药用量和安全间隔期,主要病虫害防治见表 1。

表 1 主要病虫害防治

病虫害	农药名称	使用方法
炭疽病	50% 咪鲜胺锰盐可湿性粉剂	每 667 m^2 37 g～74 g 喷雾
	42% 氟啶胺悬浮剂	每 667 m^2 25 mL～35 mL 喷雾
疫病	687.5 g/L 氟菌·霜霉威悬浮剂	每 667 m^2 60 mL～75 mL 喷雾
	70% 丙森锌可湿性粉剂	每 667 m^2 150 g～200 g 喷雾
病毒病	20% 吗胍·乙酸铜可湿性粉剂	每 667 m^2 120 g～150 g 喷雾
	2% 香菇多糖可溶液剂	每 667 m^2 65 mL～80 mL 喷雾
	50% 氯溴异氰尿酸可溶粉剂	每 667 m^2 60 mL～70 mL 喷雾
青枯病	0.1 亿 CFU/g 多黏类芽孢杆菌细粒剂	300 倍液灌根
	3% 中生菌素可湿性粉剂	600 倍液～800 倍液灌根
蚜虫	10% 溴氰虫酰胺悬浮剂	每 667 m^2 30 mL～40 mL 喷雾
	1.5% 苦参碱可溶液剂	每 667 m^2 30 g～40 g 喷雾
棉铃虫、烟青虫	5% 氯虫苯甲酰胺	每 667 m^2 30 mL～60 mL 喷雾
	3% 甲氨基苯甲酸盐微乳剂	每 667 m^2 3 mL～7 mL 喷雾
	4.5% 高效氯氰菊酯乳油	每 667 m^2 30 mL～50 mL 喷雾

7 采收

根据生长情况及市场要求,及时分批采收。鲜食采收青果;制干加工采收红熟的果实。采收过程中所用工具要清洁、卫生、无污染。

8 产品质量

产品质量应符合食品安全有关规定。

9 产品可追溯制度

9.1 建立生产记录档案

详细记录生产过程中种子、化肥、农药等农业投入品使用情况、病虫害的发生和防治情况及产品销售趋向等农事操作活动。档案保存期为2年。

9.2 规范开具农产品承诺达标合格证

生产者应向消费者郑重承诺:本产品按照辣椒旱作栽培技术规程生产。上市前应规范开具农产品承诺达标合格证。

10 田园清洁

生产周期结束后将不降解的地膜及时清理送交回收点。残枝枯叶进行无害化处理。

注:有机旱作辣椒标准化种植技术操作流程见彩图14。

ICS　65.020.20
CCS B05

DB1411

吕 梁 市 地 方 标 准

DB1411/T 42—2022

西葫芦旱作栽培技术规程

2022-11-16 发布　　　　　　　　　　　　2022-11-16 实施

吕梁市市场监督管理局　发布

前　言

本文件按照 GB/T 1.1—2020《标准化工作导则　第 1 部分：标准化文件的结构和起草规则》的规定起草。

请注意本文件的某些内容可能涉及专利。本文件的发布机构不承担识别专利的责任。

本文件由吕梁市农业农村局提出，组织实施和监督检查。

吕梁市市场监督管理局对标准的组织实施情况进行监督检查。

本文件由吕梁市农业标准化技术委员会归口。

本文件起草单位：吕梁市农业农村局（吕梁市蔬菜经营指导站、吕梁市农业环保监测站、吕梁市蚕桑果树工作站）。

本文件起草人：孙凌、张建锋、张晓玲、潘永刚、王玲珍、李静、李慧、李宁、史建军、杨理容、乔娟、王淼。

西葫芦旱作栽培技术规程

1 范围

本文件规定了旱作西葫芦栽培的术语和定义、产地环境条件、旱作生产技术、病虫害防治、采收、产品质量、产品可追溯制度、田园清洁。

本文件适用于吕梁市范围内梯田、塬地、滩地等地栽培。

2 规范性引用文件

下列文件中的内容通过文中的规范性引用而构成本文件必不可少的条款。其中，注日期的引用文件，仅该日期对应的版本适用于本文件；不注日期的引用文件，其最新版本（包括所有的修改单）适用于本文件。

GB 5084　农田灌溉水质标准

GB/T 8321（所有部分）　农药合理使用准则

GB 13735　聚乙烯吹塑农用地面覆盖薄膜

GB 16715.1　瓜菜作物种子　第1部分：瓜类

NY/T 391　绿色食品　产地环境质量

NY/T 496　肥料合理使用准则　通则

NY/T 525　有机肥料

NY/T 1868　肥料合理使用准则　有机肥料

NY/T 2312　茄果类蔬菜穴盘育苗技术规程

3 术语和定义

下列术语和定义适用于本文件。

3.1

旱作农业

指针对旱塬区通过改善农田基本条件，选用抗旱品种、增施有机肥、实行农机农艺结合、挖掘自然降水和人工补水等措施，提高土壤蓄水、保水和作物抗旱能力的农业生产方式。

4 产地环境条件

4.1 产地选择

西葫芦栽培产地选择远离工矿区和公路干线、生态环境良好、无污染的梯田、塬地、滩地地块，环境条件应符合 NY/T 391 的要求。

4.2 土壤条件

疏松肥沃、保水保肥能力强的壤土或沙壤土，土壤 pH 以 5.5～6.8 为宜。前茬为非瓜类作物。

5 旱作生产技术

5.1 品种选择

选用优质、高产、抗病虫、抗逆性强、适应性广、商品性好、耐储运的西葫芦品种。

5.2 种子质量

应符合 GB 16715.1 的要求。

5.3 培育壮苗

5.3.1 育苗设施

选用温室、大棚或露地小拱棚育苗。采用穴盘、营养钵等护根育苗方式。育苗技术应符合 NY/T 2312

的要求。

5.3.2 种子处理

5.3.2.1 种子消毒

a) 温汤浸种：用 55 ℃温水浸泡 15 min，不断搅动至水温 30 ℃，再继续浸种 4 h，清洗干净附着在种子表面的黏液后晾干催芽；

b) 药剂消毒：先用常温水浸种 2 h 后，用高锰酸钾 1 000 倍液浸种 10 min 或 10％磷酸三钠浸种 20 min～30 min。

5.3.2.2 催芽

将经消毒后的种子用清水洗净后，用湿布包好，置 25 ℃～30 ℃条件下，保温保湿催芽。待 80％的种子露白，即可播种。

5.3.3 苗床准备

用 70％甲基硫菌灵或 50％多菌灵可湿性粉剂 800 倍液～1 000 倍液对育苗场地进行消毒。选用育苗专用基质，调节含水量为 50％～60％装入 32 孔或 50 孔的穴盘。

5.4 播种

5.4.1 播种期

穴盘育苗在 3 月下旬至 4 月上旬，露地直播在 4 月下旬至 5 月上旬。

5.4.2 播种量

直播每 667 m² 用种量 300 g～350 g。

5.4.3 播种方法

包衣种子直接播种。将装好的穴盘打孔 1.5 cm，每穴平放 1 粒发芽的种子，覆盖基质 1.5 cm 喷水，摆入苗床，覆盖塑料膜保温保湿。覆膜应符合 GB 13735 的要求。

5.4.4 苗床管理

出苗前，温度白天保持 25 ℃～30 ℃，夜间 15 ℃～18 ℃。70％以上出苗后揭掉地膜，温度白天保持 20 ℃～25 ℃，夜间 12 ℃～15 ℃，定植前 5 d～7 d 炼苗，适应定植环境。

5.4.5 壮苗标准

株高 10 cm～15 cm，茎秆粗壮，节间短，3 叶 1 心，根系发达，无病虫害，无机械损伤。

5.5 定植

5.5.1 整地施肥

5.5.1.1 施肥原则

根据旱作区的生产特点、土壤特性及施肥现状，应以有机肥为主，有机无机相结合。选用肥料应符合 NY/T 496、NY/T 525、NY/T 1868 的要求。

5.5.1.2 施肥

结合整地，每 667 m² 施充分腐熟农家肥 3 000 kg～4 000 kg 或商品有机肥 300 kg～400 kg、硫酸钾型（N－P₂O₅－K₂O 为 20－10－20）配方肥或相近配方肥 40 kg～50 kg。深翻 25 cm～30 cm，耕后耙耱整平，按垄距 120 cm、垄宽 50 cm、垄高 15 cm 起垄覆膜。

5.5.2 节水抗旱措施

a) 保水剂：每 667 m² 用抗旱保水缓控释剂 2 kg～3 kg 与配方肥混合均匀随整地翻入土壤；

b) 集水窖：配置新型软体集雨窖，利用窖面、设施棚面及园区道路等作为集雨面，蓄集自然降水；

c) 节水灌溉：在水源方便的地块，铺设滴灌带或微喷带进行补水灌溉。

5.5.3 定植时间及方法

a) 当地温稳定至 12 ℃以上时定植。直播一垄双行，按株距 60 cm 打孔种植。打孔蓄水稳苗，封严定植孔。早春定植，应选无风晴天上午进行；

b) 墒情不足时，孔内酌情浇水，每穴点 2 粒种子，覆土 2 cm～3 cm。出苗后每穴选留 1 株壮苗。

5.6 田间管理

5.6.1 肥水管理

有水源条件的,采用膜下滴灌或暗灌,定植后 3 d~4 d 浇缓苗水。然后进行蹲苗,待根瓜长至 10 cm 时,结合浇水追施大量元素水溶肥每 667 m² 5 kg~10 kg。根瓜采收后第二次追肥浇水,每 667 m² 追施高钾大量元素水溶肥 5 kg~10 kg。结瓜盛期每隔 10 d~15 d 浇水追肥 1 次。无水源条件的,结果期结合降雨酌情追施 1 次~2 次高钾复合肥,每 667 m² 每次 15 kg~20 kg。结合病虫害防治,叶面喷施 0.3% 磷酸二氢钾或 1 000 倍液黄腐酸或氨基酸叶面肥。灌溉水质应符合 GB 5084 的要求。

5.6.2 人工授粉

开花坐果前期温度低,雄花少,自然授粉困难,在早晨雌、雄花开放时,进行人工授粉。

5.6.3 植株调整

伸蔓后,及时摘除侧枝和畸形果。

5.6.4 中耕除草

降雨或浇水后,及时进行中耕除草。

6 病虫害防治

6.1 主要病虫害

立枯病、猝倒病、白粉病、霜霉病、病毒病、灰霉病、蚜虫、白粉虱、烟粉虱等。

6.2 防治原则

按照"预防为主、综合防治"的植保方针,坚持以农业防治、物理防治、生物防治为主,化学防治为辅的绿色防控原则。农药使用严格按照 GB/T 8321 的规定执行。不得使用国家明令禁止蔬菜生产禁限用农药。

6.3 防治措施

6.3.1 农业防治

清洁田园,轮作倒茬,选用抗病品种,平衡施肥。

6.3.2 物理防治

采用色板诱杀蚜虫、白粉虱、蓟马等。有条件者应利用防虫网预防害虫。

6.3.3 化学防治

药剂防治应符合 GB/T 8321 的要求。严格控制农药用量和安全间隔期,主要病虫害防治见表 1。

表 1 主要病虫害防治

防治对象	农药名称	使用方法
猝倒病	0.3% 精甲·噁霉灵可溶粉剂	7 g~9 g/m² 冲施
立枯病	15% 咯菌·噁霉灵可湿性粉剂	300 倍液~350 倍液灌根
白粉病	25% 吡唑醚菌酯悬浮剂	每 667 m² 20 mL~40 mL 喷雾
	25% 乙嘧酚悬浮剂	每 667 m² 60 mL~80 mL 喷雾
	32.5% 苯甲·嘧菌酯悬浮剂	每 667 m² 30 mL~50 mL 喷雾
病毒病	0.5% 香菇多糖水剂	每 667 m² 200 mL~300 mL 喷雾
	4% 低聚糖素可溶粉剂	每 667 m² 85 g~165 g 喷雾
霜霉病	100 g/L 氰霜唑悬浮剂	每 667 m² 53 mL~67 mL 喷雾
	250 g/L 吡唑醚菌酯乳油	每 667 m² 20 mL~40 mL 喷雾
灰霉病	25% 嘧霉胺可湿性粉剂	每 667 m² 120 g~150 g 喷雾
	10% 多抗霉素可湿性粉剂	每 667 m² 100 g~140 g 喷雾
	50% 腐霉利可湿性粉剂	每 667 m² 50 g~100 g 喷雾

表 1（续）

防治对象	农药名称	使用方法
蚜虫	1.5％苦参碱可溶液剂 4％阿维·啶虫脒乳油 10％溴氰虫酰胺可分散油悬浮剂	每 667 m² 30 g～40 g 喷雾 每 667 m² 10 mL～20 mL 喷雾 每 667 m² 33.3 mL～40 mL 喷雾
白粉虱、烟粉虱	75％吡蚜·螺虫酯水分散粒剂 22％氟啶虫胺腈悬浮剂 25％噻虫嗪水分散粒剂	每 667 m² 8 g～12 g 喷雾 每 667 m² 15 mL～23 mL 喷雾 每 667 m² 11.25 g～12.5 g 喷雾

7 采收

根据果实生长情况适期分批采收嫩果，果重 300 g～400 g 即可采收，根瓜应适当早收。

8 产品质量

产品质量应符合食品安全有关规定。

9 产品可追溯制度

9.1 建立生产记录档案

详细记录生产过程中种子、化肥、农药等农业投入品使用情况、病虫害的发生和防治情况及产品销售趋向等农事操作活动。档案保存期为 2 年。

9.2 规范开具农产品承诺达标合格证

生产者应向消费者郑重承诺：本产品按照西葫芦旱作栽培技术规程生产。上市前应规范开具农产品承诺达标合格证。

10 田园清洁

生产周期结束后将未降解的地膜及时清理送交回收点。残枝枯叶进行无害化处理。

注：有机旱作西葫芦标准化种植技术操作流程见彩图 15。

ICS 65.020.20
CCS B31

吕 梁 市 地 方 标 准

DB1411/T 28—2022

白菜旱作节水栽培技术规程

2022-11-16 发布
2022-11-16 实施

吕梁市市场监督管理局 发布

前　　言

本文件按照 GB/T 1.1—2020《标准化工作导则　第 1 部分:标准化文件的结构和起草规则》的规定起草。

请注意本文件的某些内容可能涉及专利。本文件的发布机构不承担识别专利的责任。

本文件由吕梁市农业农村局提出,组织实施和监督检查。

吕梁市市场监督管理局对标准的组织实施情况进行监督检查。

本文件由吕梁市农业标准化技术委员会归口。

本文件起草单位:吕梁市农业农村局。

本文件起草人:李勇、王美玲、王艳胜、史建军、李锦连、王亚峰、杨理容、张海英、王淼。

白菜旱作节水栽培技术规程

1 范围

本文件规定了白菜旱作节水栽培的术语和定义、产地要求、旱作生产技术、病虫害防治、收获、产品质量、产品可追溯制度。

本文件适用于吕梁市白菜旱作节水栽培。

2 规范性引用文件

下列文件中的内容通过文中的规范性引用而构成本文件必不可少的条款。其中，注日期的引用文件，仅该日期对应的版本适用于本文件；不注日期的引用文件，其最新版本（包括所有的修改单）适用于本文件。

GB 5084 农田灌溉水质标准

GB/T 8321（所有部分） 农药合理使用准则

GB 16715.2 瓜菜作物种子 第2部分：白菜类

NY/T 496 肥料合理使用准则 通则

NY/T 525 有机肥料

NY/T 1868 肥料合理使用准则 有机肥料

3 术语和定义

下列术语和定义适用于本文件。

3.1

旱作农业

指针对旱塬区通过改善农田基本条件，选用抗旱品种、增施有机肥、实行农机农艺结合、挖掘自然降水和人工补水等措施，提高土壤蓄水、保水和作物抗旱能力的农业生产方式。

4 产地要求

4.1 地块

应选择地势平坦、排灌方便、肥沃疏松且富含有机质的壤土类地块，土壤pH以6.5～8.5为宜。

4.2 前茬

前茬以禾本科、葱蒜类作物为宜，避免重茬。

5 旱作生产技术

5.1 品种选择

选用优质丰产、商品性好、抗逆性强、耐储运、适合本地栽培、适应市场需求的品种。种子质量应符合GB 16715.2的要求。

5.2 整地施肥

结合整地，每667 m² 施充分腐熟的有机肥3 000 kg～5 000 kg，推荐使用N-P₂O₅-K₂O为25-15-5的配方肥或相近配方肥40 kg～50 kg。深耕25 cm～30 cm，整平耙细作畦。肥料使用应符合NY/T 496、NY/T 525、NY/T 1868的要求。

5.3 节水抗旱措施

a) 保水剂：每667 m² 用抗旱保水缓控释剂2 kg～3 kg与配方肥混合均匀随整地翻入土壤；

b) 集水窖：配置新型软体集雨窖，利用窖面、设施棚面及园区道路等作为集雨面，蓄集自然降水；

c) 节水灌溉：在水源方便的地块，铺设滴灌带或微喷带进行补水灌溉。土壤墒情不足时，在施入基肥后、整地前要浇水造墒。

5.4 播种

播种时间一般在 8 月上旬（立秋前后），白菜主要播种方式为直播。

a) 条播：按行距 50 cm～55 cm 开 0.5 cm～1.0 cm 深的浅沟，将种子均匀撒在沟内然后覆土压实，每 667 m² 用种量 150 g 左右。也可采用白菜播种机进行播种；

b) 穴播：按行距 50 cm～55 cm、株距 40 cm～45 cm 穴播，播深 1.0 cm～1.5 cm，每穴 5 粒～6 粒种子，播后盖细土压实，每 667 m² 用种量 100 g～120 g。

5.5 田间管理

5.5.1 间苗

出苗后 5 d～6 d 进行第一次间苗，去弱留强，条播的留苗间距 2 cm～3 cm；白菜 3 片～4 片叶时进行第二次间苗，条播地块的苗距 8 cm，穴播时每穴留 3 株左右；再过 5 d～6 d 进行第三次间苗。

5.5.2 定苗

幼苗生长 25 d 左右到达团棵期，按株距 40 cm～45 cm 定苗，每 667 m² 留苗 3 000 株左右。发现缺苗应及时补栽。补苗宜在晴天下午或阴天，栽苗后及时浇水。

5.5.3 中耕除草

在第二次间苗后、定苗后和莲座中期进行中耕锄草。

5.5.4 水肥管理

有水源条件的，采用滴灌或微喷灌，适时浇水，保持土壤湿润，保证齐苗壮苗。间苗、定苗后各浇水 1 次。莲座期适当控水蹲苗。包心初期结合浇水进行追肥，每 667 m² 追尿素 15 kg～20 kg。包心期酌情浇水 1 次～2 次。无水源条件的，包心期结合降雨每 667 m² 追尿素 15 kg～20 kg。灌溉水质应符合 GB 5084 的要求。

6 病虫害防治

6.1 防治原则

按照"预防为主、综合防治"的植保方针，坚持以农业防治、物理防治、生物防治为主，化学防治为辅的绿色防控原则。农药使用严格按照 GB/T 8321 的规定执行。不得在蔬菜上使用国家明令禁止的农药。

6.2 农业防治

选用优良品种，培育壮苗，适时播种，轮作倒茬，加强管理，清洁田园等。

6.3 物理防治

采用色板诱杀蚜虫、白粉虱等。有条件者应利用防虫网预防害虫。

6.4 生物防治

释放天敌，如捕食螨、寄生蜂等；使用生物农药如苏云金杆菌、阿维菌素等。

6.5 化学防治

蚜虫、白粉虱用 10％吡虫啉可湿性粉剂 1 000 倍液～1 500 倍液或 10％啶虫脒 1 000 倍液～1 500 倍液；菜青虫、小菜蛾在 3 龄前用 4.5％高效氯氰菊酯 2 000 倍液或 20％除虫脲 1 000 倍液～1 500 倍液；霜霉病用 25％双炔酰菌胺悬浮剂 1 500 倍液或 72％霜脲锰锌可湿性粉剂 600 倍液～800 倍液；软腐病用 20％噻菌铜或 3％中生菌素可湿性粉剂 1 000 倍液喷雾防治，注意交替使用农药。农药使用应符合 GB/T 8321 的要求。

7 收获

11 月中旬以后，白菜基本停止生长，进入收获期。应根据气温变化及时收获，以防冻害发生。

8 产品质量

产品质量应符合食品安全有关规定。

9 产品可追溯制度

9.1 建立生产记录档案

详细记录生产过程中种子、化肥、农药等农业投入品使用情况、病虫害的发生和防治情况及产品销售趋向等农事操作活动。档案保存期为 2 年。

9.2 开具农产品承诺达标合格证

生产者应向消费者郑重承诺:本产品按照白菜旱作节水栽培技术规程生产。上市前应规范开具农产品承诺达标合格证。

注:有机旱作西瓜复播白菜标准化种植技术操作流程(白菜篇)见彩图 16、有机旱作西瓜复播白菜标准化种植技术操作流程(西瓜篇)见彩图 17。

ICS 65.020.20
CCS B23

DB1411

吕 梁 市 地 方 标 准

DB1411/T 29—2022

架豆旱作栽培技术规程

2022-11-16 发布

2022-11-16 实施

吕梁市市场监督管理局 发布

前　言

本文件按照 GB/T 1.1—2020《标准化工作导则　第 1 部分：标准化文件的结构和起草规则》的规定起草。

请注意本文件的某些内容可能涉及专利。本文件的发布机构不承担识别专利的责任。

本文件由吕梁市农业农村局提出，组织实施和监督检查。

吕梁市市场监督管理局对标准的组织实施情况进行监督检查。

本文件由吕梁市农业标准化技术委员会归口。

本文件起草单位：吕梁市农业农村局（吕梁市土壤肥料工作站）。

本文件起草人：王美玲、牛建中、张晓玲、孙凌、齐晶晶、张昶、杜书仲、梁锦涛、梁鹏桢。

架豆旱作栽培技术规程

1 范围

本文件规定了架豆旱作栽培的术语与定义、产地环境条件、生产技术措施、采收、产品质量、产品可追溯制度及田园清洁。

本文件适用于吕梁市范围内梯田、塬地、滩地架豆的旱作栽培。

2 规范性引用文件

下列文件中的内容通过文中的规范性引用而构成本文件必不可少的条款。其中，注日期的引用文件，仅该日期对应的版本适用于本文件；不注日期的引用文件，其最新版本（包括所有的修改单）适用于本文件。

GB/T 8321（所有部分）　农药合理使用准则

GB 13735　聚乙烯吹塑农用地面覆盖薄膜

GB/T 15063　复合肥料

GB/T 25246　畜禽粪便还田技术规范

NY/T 496　肥料合理使用准则　通则

NY/T 525　有机肥料

NY 1107　大量元素水溶肥料

NY/T 1868　肥料合理使用准则　有机肥料

NY 2619　瓜菜作物种子　豆类（菜豆、长豇豆、豌豆）

NY/T 2911　测土配方施肥技术规程

3 术语和定义

下列术语和定义适用于本文件。

3.1

旱作农业

指针对旱塬区通过改善农田基本条件，选用抗旱品种、增施有机肥、实行农机农艺结合、挖掘自然降水和人工补水等措施，提高土壤蓄水、保水和作物抗旱能力的农业生产方式。

4 产地环境条件

4.1 产地环境

产地环境应选用远离工矿区和公路干线、生态环境良好、无污染的梯田、塬地、滩地等。

4.2 土壤条件

选择地势平坦、排灌方便、理化性状良好、土壤耕层深厚、富含有机质的壤土或沙壤土，土壤 pH 以 6.0～8.5 为宜。

4.3 前茬

前茬为非豆科类作物。

5 生产技术措施

5.1 播前准备

5.1.1 整地施肥

5.1.1.1 整地

深翻土地，耕作深度 30 cm 以上，充分碎土耙磨。

5.1.1.2 施肥原则

坚持有机肥、无机肥并重，氮磷钾及中微量元素配合的原则。禁止使用未经国家和省级农业部门登记的化学肥料或生物肥料、硝态氮肥；禁止使用城市垃圾、污泥、工业废渣。选用肥料应符合 NY/T 496 的要求。

5.1.1.3 施肥

结合整地，每 667 m² 施充分腐熟农家肥 3 000 kg～5 000 kg 或商品有机肥 300 kg～500 kg，推荐使用每 667 m² N-P₂O₅-K₂O 为 15-18-7 的复合肥或相近配方肥 40 kg～50 kg。肥料使用应符合 GB/T 15063、GB/T 25246、NY/T 525、NY/T 1868、NY/T 2911 的要求。

5.1.2 节水抗旱措施

a) 保水剂：每 667 m² 用保水剂 2 kg～3 kg 与 10 倍～30 倍的干燥细土混匀，沿种植带沟施；

b) 集水窖：配置新型软体集雨窖，利用窖面、设施棚面及园区道路等作为集雨面，蓄集自然降水；

c) 节水灌溉：在水源方便的地块，铺设滴灌带或微喷带进行补水灌溉。

5.2 播种

5.2.1 品种选择

选用适合本地栽培，适应市场需求的优质、耐旱、高产、抗病虫、抗逆性强、商品性好、耐储运品种，种子质量应符合 NY 2619 的要求。

5.2.2 种子处理

播前精选种子，去除烂籽、破籽、秕籽。晾晒 1 d～2 d，用 62.5 g/L 精甲·咯菌腈悬浮种衣剂拌种。

5.2.3 播种量

根据架豆品种、种子质量、种植密度等来确定，一般每 667 m² 播种量为 2.5 kg～4 kg。

5.2.4 播种期

根据气候条件、品种特性，选择适宜的播种期。一般春播在 4 月下旬，10 cm 地温稳定在 10 ℃以上时播种；秋季播种在 6 月下旬至 7 月上旬。

5.2.5 播种模式

5.2.5.1 机械化播种

选用旋耕施肥盖膜播种一体机穴播。地膜优选生物降解渗水地膜，垄沟或沟侧穴播，每穴 2 粒～4 粒种子，播种深度 3 cm～4 cm。地膜质量应符合 GB 13735 的要求。

a) 全膜覆盖：采用四沟三垄式全膜覆盖，一般膜宽 200 cm，厚 0.01 mm，按行距 60 cm、株距 20 cm～25 cm 播种；

b) 半膜覆盖：一般选用宽 80 cm、厚 0.01 mm 的地膜覆盖，按行距 50 cm～55 cm、株距 20 cm～25 cm 播种。

5.2.5.2 人工播种

结合整地，按垄距 120 cm、垄宽 50 cm、垄高 15 cm 起垄覆膜。一垄双行打孔播种，株距 40 cm。孔深 3 cm～4 cm，每孔 2 粒～4 粒种子，覆土盖严。

5.3 田间管理

5.3.1 搭架、引蔓

植株伸蔓 20 cm～30 cm 时搭架，引蔓上架。后期及时摘除下部老叶、黄叶、病叶。

5.3.2 追肥

进入结荚期，结合降雨或灌溉追肥 1 次～2 次，每 667 m² 追施复合肥 20 kg 或大量元素水溶肥 5 kg～10 kg。肥料应符合 NY 1107 的要求。

5.3.3 中耕除草

降雨或浇水后，及时进行中耕除草。

5.4 病虫害防治

5.4.1 主要病虫害

锈病、蚜虫、白粉虱、斑潜蝇、红蜘蛛、豆荚螟等。

5.4.2 防治原则

贯彻"预防为主、综合防治"的植保方针,坚持以农业防治、物理防治、生物防治为主,化学防治为辅的绿色防控原则。农药使用严格按照 GB/T 8321 的规定执行。不得使用国家在蔬菜生产上明令禁止的农药。

5.4.3 防治方法

5.4.3.1 农业防治

清洁田园,深耕菜地,实行轮作倒茬,选用高产、优质、抗病品种,增施充分腐熟农家肥。

5.4.3.2 物理防治

悬挂杀虫灯、诱虫板、性诱剂诱杀害虫。

5.4.3.3 生物防治

保护利用害虫天敌、释放天敌、利用生物农药防控。

5.4.3.4 化学防治

应在害虫低龄幼虫期和病害发病初期施药,注意轮换和交替使用农药,严格执行安全间隔期。主要病虫害防治见表1。

表 1 主要病虫害防治

防治对象	农药名称	用药量	使用方法
锈病	10%苯醚甲环唑水分散粒剂 15%三唑酮可湿性粉剂	每 667 m² 50 g~83 g 每 667 m² 60 g~80 g	喷雾 喷雾
蚜虫	5%啶虫脒乳油 50%氟啶虫胺腈水分散粒剂 25%噻虫嗪水分散粒剂	每 667 m² 30 g~50 g 每 667 m² 3 g~5 g 每 667 m² 6 g~8 g	喷雾 喷雾 喷雾
白粉虱	25%噻虫嗪水分散粒剂 20%啶虫脒可溶液剂	每 667 m² 7 g~15 g 每 667 m² 4.5 g~6.75 g	喷雾 喷雾
斑潜蝇	1.8%阿维菌素乳油 50%灭蝇胺可溶粉剂	每 667 m² 40 g~80 g 每 667 m² 25 g~30 g	喷雾 喷雾
红蜘蛛	3.2%阿维菌素乳油 5%唑螨酯悬浮剂 50%螺虫乙酯悬浮剂	每 667 m² 22 mL~45 mL 2 000 倍液~4 000 倍液 7 500 倍液~8 500 倍液	喷雾 喷雾 喷雾
豆荚螟	5%氯虫苯甲酰胺悬浮剂 5%甲氨基阿维菌素苯甲酸盐微乳剂	每 667 m² 30 mL~60 mL 每 667 m² 3.5 mL~4.5 mL	喷雾 喷雾

6 采收

当豆荚充分长大、荚色发亮、籽粒无明显凸起为最佳采收期。

7 产品质量

产品质量应符合食品安全有关规定。

8 产品可追溯制度

8.1 建立生产记录档案

详细记录生产过程中种子、化肥、农药等农业投入品使用情况、病虫害的发生和防治情况及产品销售趋向等农事操作活动。档案保存期为 2 年。

8.2 开具承诺达标合格证

生产者应向消费者郑重承诺:本产品按照架豆旱作栽培技术规程生产。上市前应规范开具农产品承诺达标合格证。

9 田园清洁

生产周期结束后不降解的地膜及时清理送交回收点。残枝枯叶进行无害化处理。

注:有机旱作架豆复播生菜标准化种植技术操作流程(架豆篇)、有机旱作架豆复播生菜标准化种植技术操作流程(生菜篇)见彩图 18、彩图 19,有机旱作春黄瓜套种秋架豆标准化种植技术操作流程(黄瓜篇)、有机旱作春黄瓜套种秋架豆标准化种植技术操作流程(架豆篇)见彩图 20、彩图 21。

ICS 65.020.20
CCS B05

DB1411

山 西 省 吕 梁 市 地 方 标 准

DB1411/T 1—2020
代替 DB141100/T 001—2007

露地优质黄瓜生产技术规程

2020-03-01 发布   2020-03-01 实施

吕梁市市场监督管理局 发布

前　言

本文件按照 GB/T 1.1—2020 给出的规则起草。

本文件代替了 DB141100/T 001—2007《无公害农产品　黄瓜生产技术规程》，与 DB141100/T 001—2007 相比，除结构调整和除编辑性改动外，主要变化如下：

a) 修订了文件名称。名称变更为《露地优质黄瓜生产技术规程》；

b) 修订了产地选择内容（见 3.1）；

c) 修订了品种选择内容（见 4.1.1）；

d) 修订了催芽内容（见 4.2.2.2）；

e) 修订了定植方法内容（见 4.4.3）；

f) 修订了病虫害防治内容（见 4.6）；

g) 增加了生产档案内容（见第 6 章）；

h) 删除了规范性引用文件中的 3 个标准（见 2007 版的第 2 章）；

i) 删除了环境质量（见 2007 版的 3.5）。

本文件由吕梁市农业农村局提出、归口并监督实施。

本文件起草单位：吕梁市蔬菜经营指导站、吕梁市农产品质量安全中心、孝义市农业技术推广中心。

本文件起草人：成殷贤、樊建东、孙凌、范树仁、任永生、张海萍、艾瑞敏、李典、于慧霞、王唐清。

本文件及其所代替文件的历次版本发布情况为：

——2007 年首次发布为 DB141100/T 001—2007，2020 年第一次修订；

——本次为第二次修订。

露地优质黄瓜生产技术规程

1 范围

本文件规定了露地优质黄瓜生产的产地环境条件、生产技术、采收及生产档案要求。

本文件适用于吕梁市露地优质黄瓜生产。

2 规范性引用文件

下列文件中的内容通过文中的规范性引用而构成本文件必不可少的条款。其中,注日期的引用文件,仅该日期对应的版本适用于本文件;不注日期的引用文件,其最新版本(包括所有的修改单)适用于本文件。

GB/T 8321(所有部分) 农药合理使用准则

GB 16715.1 瓜菜作物种子 第 1 部分:瓜类

NY/T 1276 农药安全使用规范

NY/T 5010 无公害农产品 种植业产地环境条件

3 产地环境条件

3.1 产地选择

生产基地须选择在生态环境良好、无污染的地区,远离工矿区和公路干线,避开工业和城市污染源。产地环境质量应符合 NY/T 5010 的要求。

3.2 土壤条件

土壤耕层深厚、地势平坦、排灌方便、富含有机质、透气性良好的壤土。

3.3 前茬

前茬为非瓜类作物。

3.4 灌水条件

平原农区禁用地表水源灌溉,地下水源灌溉取水层深度大于 50 m;山地农区可用上游没有工矿污染的地表水。

4 生产技术

4.1 种子

4.1.1 品种选择

春黄瓜宜选抗病、低温生长性能好、节成性强、早熟的品种;秋黄瓜宜选抗病、耐热的品种。

4.1.2 种子质量

应符合 GB 16715.1 的要求。

4.2 培育壮苗

4.2.1 育苗设施

根据栽培季节、气候条件的不同,选用温室、塑料棚、阳畦、温床和露地育苗,有条件的可采用穴盘育苗和工厂化育苗。夏季露地育苗要有防雨、防虫、遮阳设施。

4.2.2 种子处理

4.2.2.1 种子消毒

针对当地主要病害,选用以下处理方法。

a) 用 55 ℃温水浸种 15 min,不断搅动至水温 30 ℃,再继续浸种 4 h～5 h(防黑星病、炭疽病、病毒病、菌核病);

b) 用 50%多菌灵可湿性粉剂 500 倍液浸种 1 h,或用 40%福尔马林 300 倍液浸种 1.5 h(防枯萎病、黑星病);

c) 用次氯酸钙 300 倍液浸种 30 min～60 min,或用 40%福尔马林 150 倍液浸种 90 min(防细菌性角斑病)。

4.2.2.2 催芽

将经消毒浸泡后的种子洗净,用湿布包好,置 25 ℃～28 ℃环境中保温保湿催芽,当 85%种子露白时即可播种。包衣种子直播即可。

4.2.3 育苗床准备

4.2.3.1 床土配制

选用近 3 年～5 年内未种过瓜类蔬菜的园土与优质腐熟有机肥混合,有机肥比例不低于 30%。

4.2.3.2 床土消毒

有如下 3 种方法,可任选其一。

a) 每 1 m² 用 40%福尔马林 30 mL～50 mL,加水 3 L 喷洒床土,用塑料薄膜闷盖 3 d 后揭膜,待气味散尽后播种。

b) 用 50%多菌灵可湿性粉剂与 50%福美双可湿性粉剂按 1∶1 混合,或 25%甲霜灵可湿性粉剂与 70%代森锰锌可湿性粉剂按 9∶1 混合,每 1 m² 苗床用药 8 g～10 g,与 15 kg～30 kg 细土混合均匀,播种时 2/3 铺于床面、1/3 覆盖在种子上。

c) 用 70%甲基托布津或 50%多菌灵可湿性粉剂 8 g～10 g,掺细土 5 kg,均匀撒在 1 m² 育苗床内。

4.2.4 播种

4.2.4.1 播种期

根据栽培季节、气候条件、育苗手段和定植时间,选择适宜的播种期。

4.2.4.2 播种量

根据定植方式、密度而定,一般每 667 m² 用种量为 100 g～200 g。

4.2.4.3 播种方法

可将催好芽的种子直接播到浇透水的营养钵内(或纸袋内)的营养土上,种子平放,每钵内播 2 粒种子,覆细沙土 1 cm 厚,随后放置到钵床上覆盖 1 层塑料膜,待出苗后去膜。在床土上播种,播前先浇足底水,然后用筛过的营养土薄撒 1 层,找平床面,播种时先撒 2/3 药土,播后再撒 1/3 药土和过筛细潮土 1 cm。冬、春季床面覆盖塑料膜保温保湿,夏、秋季覆盖遮阳网或稻草。

4.2.5 苗床管理

育苗期间主要掌握温度和水分。出苗期的温度白天 28 ℃～30 ℃,夜间 20 ℃～24 ℃。出苗后即可采取降温降湿措施,以防徒长,保持气温在 20 ℃～22 ℃、地温 16 ℃,每天 8 h～10 h 的短日照。幼苗长出 3 片真叶时带土坨分苗。营养钵或营养纸袋内每钵(袋)只留 1 株壮苗。移苗至缓苗期要注意保温保湿促缓苗,缓苗后控温降湿防徒长,定植前必须达到壮苗标准。

4.2.6 壮苗标准

株高 15 cm～20 cm,茎粗,色绿,下胚轴 3 cm～4 cm,4 片～7 片真叶,叶片肥大深绿,根系发达,无病虫害,无机械损伤。

4.3 嫁接育苗技术

4.3.1 嫁接方法

用黑籽南瓜做砧木,黄瓜做接穗,进行嫁接。黄瓜比南瓜早播 2 d～3 d,在黑籽南瓜子叶完全展平、真叶初露、黄瓜有第一片真叶时进行嫁接。目前主要采用靠接法。

4.3.2 嫁接后的管理

嫁接后加扣小拱棚遮阳,提高温度,增加湿度。温度白天为 25 ℃～28 ℃,夜间为 18 ℃～16 ℃,湿度为 90％～95％,并喷 1 次 75％的百菌清可湿性粉剂 500 倍液。4 d 后逐渐见光,6 d 后小放风降低湿度,10 d 伤口愈合后进入正常管理。

4.4 定植

4.4.1 定植前整地施肥

4.4.1.1 施肥原则

以有机肥为主,化肥为辅。禁止使用未经国家和省级农业部门登记的化学肥料或生物肥料、硝态氮肥;禁止使用城市垃圾、污泥、工业废渣。

4.4.1.2 整地施肥

深翻 20 cm,耙糖整平,保持土壤疏松。每 667 m² 施充分腐熟有机肥 5 000 kg 以上、磷酸二铵 40 kg～50 kg、硫酸钾 20 kg～25 kg。

4.4.2 定植时间

地表 10 cm 地温稳定在 10 ℃左右,气温在 18 ℃～20 ℃时定植,如地膜覆盖可提前 1 周。选择晴天中午定植。夏季或气温高时选择阴天或下午定植。

4.4.3 定植方法

定植采用大小行栽培,大行距 70 cm,小行距 50 cm,小行起垄,覆盖地膜。每垄定植 2 行,株距 30 cm,每 667 m² 定植 3 600 株～4 000 株。

4.5 田间管理

4.5.1 插架

定植后插架,用细竹竿插于瓜秧外侧,架高 2 m。

4.5.2 浇水

从定植到采收根瓜前需浇 4 次水:定植时浇第一水,顺水稳苗;栽后 4 d～5 d 浇缓苗水,开始中耕蹲苗;叶片发深绿色,中午叶片略显萎蔫而傍晚能恢复生机时结束蹲苗,浇第三水,浇后中耕划破地皮;当根瓜长到 15 cm～20 cm 长时,采收前 1 d～2 d,浇第四水。黄瓜进入采收期,每隔 2 d～3 d 浇一水,小水勤浇,保持土壤湿润。

4.5.3 追肥

黄瓜全生育期,需追肥 3 次～4 次。进入采收期要结合浇水进行追肥,每 667 m² 随水追配方肥 10 kg～15 kg。

4.5.4 绑蔓打顶

定植后及时绑蔓,相隔 3 片～4 片叶绑 1 次。瓜蔓爬到架顶时打顶,促进产生回头瓜,提高后期产量。

4.6 病虫害防治

4.6.1 主要病虫害

霜霉病、靶斑病、细菌性角斑病、白粉病、灰霉病、枯萎病、蚜虫、根结线虫、粉虱等。

4.6.2 农业防治

清洁田园,实行轮作倒茬,选用抗病品种,培育适龄壮苗,施用充分腐熟的有机肥。

4.6.3 物理防治

利用杀虫灯、性诱剂、黄板、蓝板、防虫网、糖醋液诱杀等物理防治方法杀灭害虫。

4.6.4 生物防治

保护利用七星瓢虫等天敌或苏云金杆菌、阿维菌素等生物农药防治病虫害。

4.6.5 化学防治

化学防治应符合 GB/T 8321、NY/T 1276 的要求。严格控制农药用量和安全间隔期,主要病虫害防治见表 1。

表1 主要病虫害防治

防治对象	农药名称	使用方法
霜霉病	52.5%噁酮·霜脲氰水分散粒剂 80%嘧菌酯水分散粒剂 67%唑醚·丙森锌水分散粒剂	每667 m² 20 g～40 g喷雾 每667 m² 10 g～15 g喷雾 每667 m² 110 g～140 g喷雾
靶斑病	1 000亿个/g荧光假单胞杆菌可湿性粉剂 35%苯甲·咪鲜胺水乳剂 43%氟菌·肟菌酯悬浮剂	每667 m² 70 g～80 g喷雾 每667 m² 60 mL～90 mL喷雾 每667 m² 15 mL～25 mL喷雾
细菌性角斑病	5亿CFU/g多黏类芽孢杆菌悬浮剂 12%中生菌素可湿性粉剂 2%春雷霉素水剂	每667 m² 160 mL～200 mL喷雾 每667 m² 25 g～30 g喷雾 每667 m² 140 mL～175 mL喷雾
白粉病	250 g/L嘧菌酯悬浮剂 10%苯醚甲环唑水分散性颗粒剂 200亿孢子/g枯草芽孢杆菌可湿性粉剂	每667 m² 60 mL～90 mL喷雾 每667 m² 50 g～83 g喷雾 每667 m² 90 g～150 g喷雾
灰霉病	20%嘧霉胺悬浮剂 30%唑醚·啶酰菌悬浮剂 2亿孢子/g木霉菌可湿性粉剂 1 000亿芽孢/g枯草芽孢杆菌可湿性粉剂	每667 m² 150 g～180 g喷雾 每667 m² 45 mL～75 mL喷雾 每667 m² 187.5 g～250 g喷雾 每667 m² 35～55 g喷雾
枯萎病	2%春雷霉素可湿性粉剂 3%甲霜·噁霉灵水剂 70%敌磺钠可湿性粉剂	每667 m² 187.5 g～250 g兑水50～60千克喷雾 500倍液～600倍液灌根 每667 m² 250 g～500 g泼浇或喷雾
蚜虫	10%吡虫啉液 2.5%高效氯氟氰菊酯乳油 35%啶虫脒乳油	1 500倍液喷雾 4 000倍液喷雾 1 000倍液喷雾
根结线虫	35%威百亩水剂 20%噻唑膦水乳剂 1%阿维菌素颗粒剂 3%阿维·噻唑膦颗粒剂	每667 m² 4 000 g～6 000 g沟施 每667 m² 750 mL～1 000 mL灌根 每667 m² 1 500 g～2 000 g沟施 每667 m² 4 kg～5 kg撒施、沟施
粉虱	10%溴氰虫酰胺可分散油悬浮剂 25%噻虫嗪水分散粒剂 22%氟啶虫胺腈悬浮剂	每667 m² 33.3 mL～40 mL喷雾 每667 m² 10 g～12.5 g喷雾 每667 m² 15 mL～23 mL喷雾

5 采收

及时采收,减轻植株负担,以确保商品瓜品质。

6 生产档案

建立生产、农药使用、田间管理等生产档案。对生产技术、病虫害防治及采收中各环节所采取的措施进行详细记录。

注:有机旱作黄瓜标准化种植技术操作流程见彩图22。

ICS 65.020.20
CCS B05

DB1411

山 西 省 吕 梁 市 地 方 标 准

DB1411/T 3—2020
代替 DB141100/T 003—2007

露地优质甘蓝生产技术规程

2020-03-01 发布

2020-03-01 实施

吕梁市市场监督管理局 发布

前　言

本文件按照 GB/T 1.1—2009 给出的规则起草。

本文件代替了 DB141100/T 003—2007《无公害农产品　甘蓝生产技术规程》，与 DB141100/T 003—2007 相比，除结构调整和编辑性改动外，主要变化如下：

a)　修订了文件名称。名称变更为《露地优质甘蓝生产技术规程》；

b)　修订了产地选择内容（见 3.1）；

c)　修订了品种选择内容（见 4.1.1）；

d)　修订了育苗设施内容（见 4.2.1）；

e)　修订了播种期内容（见 4.2.4.1）；

f)　修订了病虫害防治内容（见 4.5）；

g)　增加了生产档案内容（见第 6 章）；

h)　删除了规范性引用文件中的 3 个标准（见 2007 版的第 2 章）；

i)　删除了环境质量（见 2007 版的 3.5）。

本文件由吕梁市农业农村局提出、归口并监督实施。

本文件起草单位：吕梁市蔬菜经营指导站、吕梁市农产品质量安全中心、文水县农业农村局。

本文件起草人：樊建东、孙凌、成殷贤、贾虎娃、于金萍、王唐清、温晓燕、马果梅、张婧、任永生、王晋斐、于慧霞。

本文件及其所代替文件的历次版本发布情况为：

——2007 年首次发布为 DB141100/T 003—2007，2020 年第一次修订；

——本次为第二次修订。

露地优质甘蓝生产技术规程

1 范围

本文件规定了露地优质甘蓝生产的产地环境条件、生产技术、采收及生产档案。

本文件适用于吕梁市露地优质甘蓝生产。

2 规范性引用文件

下列文件中的内容通过文中的规范性引用而构成本文件必不可少的条款。其中，注日期的引用文件，仅该日期对应的版本适用于本文件；不注日期的引用文件，其最新版本（包括所有的修改单）适用于本文件。

GB/T 8321（所有部分） 农药合理使用准则

GB 16715.4 瓜菜作物种子 第4部分：甘蓝类

NY/T 1276 农药安全使用规范

NY/T 5010 无公害农产品 种植业产地环境条件

3 产地环境条件

3.1 产地选择

生产基地须选择在生态环境良好、无污染的地区，远离工矿区和公路干线，避开工业和城市污染源。产地环境质量应符合 NY/T 5010 的要求。

3.2 土壤条件

土壤耕层深厚、地势平坦、排灌方便、土壤结构适宜、理化性状良好、富含有机质、肥沃而又保水性好的地块，pH 以 6～8 为宜。

3.3 前茬

前茬为非十字花科类作物。

3.4 灌水条件

平原农区禁用地表水源灌溉，地下水源灌溉取水层深度大于 50 m；山地农区上游没有工矿污染的可用地表水。

4 生产技术

4.1 种子

4.1.1 品种选择

选用抗病、优质丰产、耐储运、商品性好、适应市场的品种。春甘蓝栽培选择耐寒、耐抽薹、早熟的品种；夏甘蓝栽培选择耐热、中熟的品种；秋甘蓝栽培选择耐热、中晚熟的品种。

4.1.2 种子质量

应符合 GB 16715.4 的要求。

4.2 培育壮苗

4.2.1 育苗设施

根据季节、气候条件的不同，选用温室、塑料棚、阳畦、露地温床等育苗设施，有条件的可采用工厂化育苗。早春最好用温室育苗，推迟播种期，缩短育苗期，减少低温影响，防止未熟抽薹。

4.2.2 种子处理

4.2.2.1 种子消毒

针对当地主要病害，选用以下处理方法。

a) 用 55 ℃温水浸种 20 min（防黑腐病）；

b) 每 100 g 种子用 1.5 g 漂白粉（有效成分），加少量水，与种子拌均匀，放入容器内密闭 16 h 后播种（防黑腐病、黑斑病）；

c) 用种子量 0.4%的 50%福美双可湿性粉剂拌种，拌匀后播种（防黑斑病）。

4.2.2.2 催芽

将消毒后的种子放在 20 ℃环境中保湿催芽，当 20%种子萌芽时即可播种。

4.2.3 育苗床准备

4.2.3.1 床土配制

用近 3 年来未种过十字花科作物的土壤与优质腐熟有机肥混合，有机肥比例不低于 30%。

4.2.3.2 床土消毒

有如下 3 种方法，可任选其一。

a) 用 50%琥胶肥酸铜可湿性粉剂 500 倍液分层喷洒床土，拌匀后铺入苗床；

b) 用 50%多菌灵可湿性粉剂与 50%福美双可湿性粉剂按 1：1 混合，或 25%甲霜灵可湿性粉剂与 70%代森锰锌可湿性粉剂按 9：1 混合，每 1 m² 用药 8 g～10 g，与 15 kg～30 kg 细土混合均匀，播种时 2/3 铺于床面、1/3 覆盖在种子上；

c) 用 70%甲基托布津或 50%多菌灵 8 g～10 g，掺细土 5 kg，均匀撒在 1 m² 育苗床内。

4.2.4 播种

4.2.4.1 播种期

根据栽培季节、气候条件、育苗手段，选择适宜的播种期。见表 1。

表 1 甘蓝播种期

栽培茬口	播种期	定植期	收获期
春甘蓝	1 月下旬	4 月初	6 月初
夏甘蓝	3 月下旬	5 月下旬	7 月下旬
秋甘蓝	6 月初	7 月上旬	9 月中旬

4.2.4.2 播种量

根据种子大小及定植密度，一般每 667 m² 播种量 30 g～100 g。

4.2.4.3 播种方法

浇足底水，水渗后覆 1 层细土或药土，将种子均匀撒播于床面。播后覆细潮土 1 cm 左右，用营养钵（袋）育苗，每钵（袋）播 4 粒～5 粒，覆土 0.6 cm～0.8 cm。露地夏秋育苗，使用小拱棚或平棚育苗。夏季也可采用直播方法。

4.2.5 苗床管理

秧苗出土前，保持土温 17 ℃以上，气温 20 ℃以上。一般经 3 d 即可出苗。秧苗出土后应立即揭膜降温降湿，以防徒长。长出 2 片真叶即可分苗，分苗后及时覆盖塑料膜保温保湿。使土温保持在 8 ℃～20 ℃，气温保持在 25 ℃左右。缓苗后，应揭开塑料膜降温降湿保生根。在定植前，必须达到壮苗标准。

4.2.6 壮苗标准

株高 8 cm～12 cm，6 片～8 片叶，叶片肥厚呈深绿带紫色，根系发达，无病虫害，无机械损伤。

4.3 定植

4.3.1 定植前整地施肥

4.3.1.1 施肥原则

以有机肥为主、化肥为辅。禁止使用未经国家和省级农业部门登记的化学肥料或生物肥料、硝态氮肥；禁止使用城市垃圾、污泥、工业废渣。

4.3.1.2 整地

前茬收获后及时清除枯黄残叶、杂草，耕翻 20 cm，耙糖平整后，依照当地种植习惯作畦。

4.3.1.3 施肥

定植前结合整地，每 667 m² 施优质腐熟有机肥 4 000 kg～5 000 kg、尿素 5 kg～10 kg、过磷酸钙 35 kg～40 kg、硫酸钾 8 kg～10 kg。

4.3.2 定植时间及方法

当幼苗长到 6 片～7 片叶、土壤温度达到 12 ℃以上时就可定植。春季定植，应选在晴天无风的中午；夏、秋季定植，则应选在阴天或无风的下午。采用大小行定植，定植苗要带土起坨，尽量保持根部土块完整。

4.4 田间管理

4.4.1 苗期

定植后，及时浇水，1 周后浇缓苗水。

4.4.2 莲座期

中耕 3 次左右，结合中耕进行蹲苗，结球初期结束蹲苗。

4.4.3 结球期

结球初期开始浇水施肥，每 667 m² 随浇水追施氮肥 3 kg～5 kg、钾肥 1 kg～3 kg，保持土壤湿润。在结球中期和结球后期结合浇水进行追肥 2 次～3 次，收获前 20 d 停止追肥。

4.5 病虫害防治

4.5.1 主要病虫害

霜霉病、软腐病、菌核病等病害；小菜蛾、菜青虫、蚜虫、夜蛾等。

4.5.2 防治原则

按照"预防为主、综合防治"的植保方针，坚持以农业防治、物理防治、生物防治为主，化学防治为辅的无害化控制原则。

4.5.3 农业防治

针对主要病虫控制对象，清洁田园，选用高抗多抗的品种；实行轮作倒茬，与非十字花科作物轮作 3 年以上；培育适龄壮苗，提高抗逆性；测土平衡施肥，增施充分腐熟的有机肥，少施化肥。

4.5.4 物理防治

覆盖银灰色地膜驱避蚜虫，利用黄板、高压汞灯、频振杀虫灯、性诱剂诱杀成虫。

4.5.5 生物防治

4.5.5.1 天敌

积极保护利用天敌，防治病虫害。

4.5.5.2 生物药剂

采用生物源农药如齐墩螨素、农用链霉素、新植霉素等生物农药防治病虫害。

4.5.6 药剂防治

以生物药剂为主。使用药剂时严格按照 GB/T 8321、NY/T 1276 的规定执行。

4.5.7 合理施药

严格控制农药用量和安全间隔期，主要病虫害防治见表2。

表 2　主要病虫害防治

主要防治对象	农药名称	使用方法	安全间隔期，d
霜霉病	80％代森锰锌可湿性粉剂	600 倍液喷雾	≥15
	75％菌清可湿性粉剂	500 倍液喷雾	≥7
	72％霜脲锰锌可湿性粉剂	600 倍液～800 倍液喷雾	≥2

表 2（续）

主要防治对象	农药名称	使用方法	安全间隔期,d
菌核病	50%腐霉利可湿性粉剂 40%菌核净可湿性粉剂	1 000 倍液～1 200 倍液喷雾 1 500 倍液～2 000 倍液	1 ≥10
软腐病	72%农用链霉素可湿性粉剂 77%氢氧化铜可湿性粉剂	4 000 倍液喷雾 400 倍液～600 倍液喷雾	≥3 ≥3
菜青虫	1 600 IU/mg 苏云金杆菌可湿性粉剂 48%毒死蜱乳油	1 000 倍液喷雾 1 000 倍液～1 500 倍液喷雾	≥7 ≥7
小菜蛾	48%毒死蜱乳油 1.8%阿维菌素乳油 25%高效三氟氯氰菊酯乳剂	1 000 倍液～1 500 倍液喷雾 300 倍液喷雾 1 500 倍液～2 000 倍液喷雾	≥7 ≥7 ≥7
蚜虫	50%抗蚜威可湿性粉剂 10%吡虫啉可湿性粉剂	2 000 倍液～3 000 倍液喷雾 1 500 倍液喷雾	≥11 ≥7

5 采收

在叶球大小定型、结球紧实时应及时采收。

6 生产档案

建立生产、农药使用、田间管理等生产档案。对生产技术、病虫害防治及采收中各环节所采取的措施进行详细记录。

注：有机旱作甘蓝标准化种植技术操作流程见彩图 23。

ICS 65.020.20
CCS B38

DB1411

吕 梁 市 地 方 标 准

DB1411/T 24—2022

柴胡旱作种植技术规程

2022-11-16 发布 2022-11-16 实施

吕梁市市场监督管理局 发布

前　言

本文件按照 GB/T 1.1—2020《标准化工作导则　第 1 部分:标准化文件的结构和起草规则》的规定起草。

请注意本文件的某些内容可能涉及专利。本文件的发布机构不承担识别专利的责任。

本文件由吕梁市农业农村局提出,组织实施和监督检查。

吕梁市市场监督管理局对标准的组织实施情况进行监督检查。

本文件由吕梁市农业标准化技术委员会归口。

本文件起草单位:吕梁市农业农村局(吕梁市蚕桑果树工作站)。

本文件主要起草人:樊红婧、王玲珍、刘媛林、李静、李慧、王晋斐、薛宝峰、吕艳玲。

柴胡旱作种植技术规程

1 范围

本文件规定了旱作柴胡种植的产地环境、种植技术、病虫害防治、采收、储存、生产档案。

本文件适用于吕梁市旱作柴胡的种植。

2 规范性引用文件

下列文件中的内容通过文中的规范性引用而构成本文件必不可少的条款。其中，注日期的引用文件，仅该日期对应的版本适用于本文件；不注日期的引用文件，其最新版本（包括所有的修改单）适用于本文件。

GB 3095　环境空气质量标准

GB/T 8321（所有部分）　农药合理使用准则

GB/T 15063　复合肥料

GB/T 25246　畜禽粪便还田技术规程

NY/T 496　肥料合理使用准则　通则

NY/T 525　有机肥料

NY/T 1276　农药安全使用规范　总则

NY/T 1868　肥料合理使用准则　有机肥料

3 术语和定义

本文件没有需要界定的术语和定义。

4 产地环境

在海拔 700 m～1 500 m、年降水量 450 mm～650 mm、年平均气温 6 ℃～12 ℃的区域，选择远离城区、工矿区、交通主干线、工业、生活垃圾等污染源，土层深厚、结构疏松、腐殖质丰富的土壤。环境质量应符合 GB 3095 中二类的要求。

5 种植技术

5.1 选地整地

选择土层深厚、排水良好、背风向阳、富含有机质的沙壤土。前茬作物选禾本科植物为佳。深耕 30 cm 以上。

5.2 施肥

每 667 m² 施充分腐熟的优质农家肥 2 000 kg 以上或施用商品有机肥 2 000 kg 以上，然后旋耕耙糖。肥料质量应符合 GB/T 15063、GB/T 25246、NY/T 496、NY/T 525、NY/T 1868 的要求。

5.3 种子处理

选择符合播种的成熟度好、饱满的柴胡种子，播前去净泥土、杂质、草籽，晾晒。

5.4 播种时间

6 月中旬至 7 月中旬。

5.5 播种

5.5.1 直播

以条播为主，行距 20 cm～25 cm，每 667 m² 播种量为 4.0 kg～5.0 kg，覆薄土 1.0 cm～1.5 cm。

5.5.2 套作

主要模式为玉米套种柴胡，玉米生长后期，田间作业完成后，在玉米行间开 1.5 cm～2.0 cm 浅沟，将种子播入沟内，覆薄土 0.5 cm～1.0 cm。

5.5.3 田间管理

5.5.4 中耕除草

出苗后及时中耕除草，每年 2 次～3 次，除草时间视杂草情况而定。

5.5.5 排灌水

雨涝时及时开沟排水。一般不进行灌溉，干旱严重时，有灌溉条件的可及时灌溉，喷灌、滴灌均可，避免大水漫灌。

5.5.6 追肥

每 667 m² 施用商品有机肥 200 kg～300 kg 或复合肥 40 kg，分 2 次追施。施肥时间为 6 月中旬和 7 月中旬各 1 次，雨前施肥。使用肥料应符合 GB/T 15063、GB/T 25246、NY/T 496、NY/T 525、NY/T 1868 的要求。

5.5.7 打顶

株高 30 cm 以上时开始打顶，分 2 次～3 次进行，留高 25 cm～30 cm。

6 病虫害防治

6.1 防治原则

病虫防治坚持"预防为主、综合防治"的方针，以农业防治为基础，优先使用物理、生物防治。必要时使用化学防治，农药使用应符合 GB/T 8321、NY/T 1276 的要求。防治方法可以配合进行。

6.2 主要病虫害及防治方法

6.2.1 根腐病

防治方法：及时排水，拔除病株，用石灰处理病穴。发病初期可选用枯草芽孢杆菌或大蒜素等药剂灌根。发病较严重时，可选用丙环唑、噁霉灵等药剂灌根。

6.2.2 锈病、白粉病

防治方法：合理密植，通风排水，降低土壤湿度。清除病残枯叶，并集中销毁。发病初期可选用枯草芽孢杆菌、嘧啶核苷类抗菌素或苯甲嘧菌酯、吡唑醚菌酯等药剂喷雾防治。

6.2.3 蚜虫

防治方法：清除田间残枝败叶，集中销毁。充分保护和利用天敌，利用黄板诱杀。虫害严重时，可选用苦参碱、球孢白僵菌或噻虫嗪、吡虫啉等药剂喷雾防治。

6.2.4 地下害虫

防治方法：清洁田园，冬耕晒垡，利用杀虫灯诱杀。播种时可选用噻虫嗪、吡虫啉等药剂拌种或辛硫磷、吡虫啉等药剂拌毒土沟(穴)施。

7 采收

7.1 采收时间

种植 3 年后，于 10 月中旬至 11 月上旬，地上部茎叶枯萎后选择晴天采挖。

7.2 晾晒

选择卫生、洁净、平整的场地晾晒，柴胡根系含水量≤13%即可入库。

8 储存

储存于清洁、通风、干燥、避光、无异味的仓库中，仓库温度控制在 30 ℃以下，相对湿度 70%～75%。产品水分控制在 11%～13%。防止虫蛀，霉变、腐烂等现象出现。

9 生产档案

详细记录生产过程中农事活动、投入品使用等信息。

注:有机旱作柴胡标准化种植技术操作流程见彩图25。

————————————

ICS 62.020.20
CCS B38

DB1411

吕 梁 市 地 方 标 准

DB1411/T 27—2022

连翘旱作栽培技术规程

2022-11-16 发布

2022-11-16 实施

吕梁市市场监督管理局 发布

前　　言

本文件按照 GB/T 1.1—2020《标准化工作导则　第 1 部分：标准化文件的结构和起草规则》的规定起草。

请注意本文件的某些内容可能涉及专利。本文件的发布机构不承担识别专利的责任。

本文件由吕梁市农业农村局提出，组织实施和监督检查。

吕梁市市场监督管理局对标准的组织实施情况进行监督检查。

本文件由吕梁市农业标准化技术委员会归口。

本文件起草单位：吕梁市农业农村局（吕梁市蚕桑果树工作站）。

本文件主要起草人：樊红婧、成殷贤、王玲珍、李静、郭景玉、王亚峰、梁鹏桢、薛宝峰。

连翘旱作栽培技术规程

1 范围

本文件规定了连翘旱作栽培的产地环境、育苗技术、定植技术、病虫害防治、采收、储存和生产档案。

本文件适用于吕梁市旱作连翘的栽培。

2 规范性引用文件

下列文件中的内容通过文中的规范性引用而构成本文件必不可少的条款。其中，注日期的引用文件，仅该日期对应的版本适用于本文件；不注日期的引用文件，其最新版本（包括所有的修改单）适用于本文件。

GB 3095　环境空气质量标准

GB/T 8321（所有部分）　农药合理使用准则

GB/T 15063　复合肥料

GB/T 25246　畜禽粪便还田技术规程

NY/T 496　肥料合理使用准则　通则

NY/T 525　有机肥料

NY/T 1276　农药安全使用规范　总则

NY/T 1868　肥料合理使用准则　有机肥料

3 术语和定义

本文件没有需要界定的术语和定义。

4 产地环境

在海拔 500 m～1 200 m、年降水量 450 mm～650 mm、年平均气温 8.5 ℃～12.5 ℃的区域，选择远离城区、工矿区、交通主干线、工业、生活垃圾等污染源，土层深厚、结构疏松、腐殖质丰富的土壤。环境质量应符合 GB 3095 的要求。

5 育苗技术

5.1 选地、整地与施肥

选择水源方便、光照充足的地块。前茬以禾本科作物为佳。深耕 20 cm～25 cm，每 667 m² 施充分腐熟的优质农家肥 2 000 kg，旋耕 15 cm～20 cm。肥料质量应符合 GB/T 15063、GB/T 25246、NY/T 496、NY/T 525、NY/T 1868 的要求。

5.2 种子处理

选择符合播种的成熟度好、饱满的连翘种子，播前去净泥土、杂质、草籽。播前将种子摊放在阳光下暴晒 1 d～2 d，清水浸泡 20 h～24 h，捞出后与 1 倍～2 倍的湿沙拌匀，放在阴凉处，期间翻堆。当 5%～10% 的种子露白时，及时播种。

5.3 育苗时间

5 月中下旬。

5.4 播种量

每 667 m² 播种量 4.0 kg～5.0 kg。

5.5 育苗方法

作畦，畦宽 100 cm～150 cm，灌溉。条播、撒播均可，种子覆土 0.5 cm～1.0 cm。种后盖黑地膜，苗齐后及时去膜放苗。

5.6 苗期管理

幼苗出土后,及时除草,间苗、定苗,每 667 m^2 留苗 4 万株～6 万株。

5.7 出圃

10 月中旬至土壤封冻前,或翌年土壤解冻至种苗发芽前移栽,株高 80 cm 以上,地径 0.5 cm 即可出圃。

6 定植技术

6.1 选地整地

应选择坡度 15°～50°的阳坡地、半阳坡地、半阴坡地种植。坡度大的地块按 40 cm～50 cm 见方挖鱼鳞坑;坡度小的按水平方向整成小梯田,按 40 cm～50 cm 见方挖穴,生土、熟土分别堆放。行距 200 cm～300 cm,株距 150 cm～200 cm。

6.2 定植

秋季种苗落叶后,土壤封冻前定植,或春季土壤解冻后,种苗发芽前定植。将种苗放入穴中央,下填熟土,上填生土。填土 1/3 时,向上提苗约 8 cm,填土踩实。整成内径 50 cm 的蓄水盘,再铺 1 m^2 的黑地膜或除草布。

6.3 田间管理

定植成活后及时补苗,主干 70 cm～80 cm 打顶。每年中耕除草 2 次～3 次。干旱严重时,有灌溉条件的可及时灌溉,喷灌、滴灌均可,避免大水漫灌。定植后 1 年～3 年,可适当套种矮秆作物。

6.4 施肥

6.4.1 幼龄树施肥

定植后的 1 年～4 年,每年的 4 月下旬、6 月下旬,结合中耕,距植株 30 cm 处挖宽 30 cm、深 20 cm 的环状沟带。每 667 m^2 施腐熟的优质农家肥 2 000 kg 或施用商品有机肥 200 kg,施肥后堆土覆盖。肥料质量应符合 GB/T 15063、GB/T 25246、NY/T 496、NY/T 525、NY/T 1868 的要求。

6.4.2 成龄树施肥

定植后第五年,于 3 月上旬叶面喷施 1% 的过磷酸钙液,5 月上旬每 667 m^2 用商品有机肥 40 kg 进行追肥,10 月下旬距植株 30 cm 处挖环状沟带,每 667 m^2 施用腐熟厩肥 4 000 kg 作基肥,施肥后堆土覆盖。肥料质量应符合 GB/T 15063、GB/T 25246、NY/T 496、NY/T 525、NY/T 1868 的要求。

6.5 整形修剪

6.5.1 整形

定植后 1 年～4 年幼树,培养 1 个～3 个主干,每个主干选留 3 个～5 个一级主枝,主枝生长 50 cm 时,在 30 cm～40 cm 处短截。5 年以上每穴选留 5 个～8 个主干。树形培养以开心形为主,或伞形,保证通风透光。

6.5.2 修剪

休眠期冬剪,加大枝条开张度,3 年后更新结果枝。及时除去衰老、病虫害以及多余的营养枝条,调节营养枝和结果枝比例。清理内膛,保持灌木丛内外通风透光。

7 病虫害防治

7.1 防治原则

病虫防治坚持"预防为主、综合防治"的方针,以农业防治为基础,优先使用物理、生物防治,必要时使用化学防治。农药使用应符合 GB/T 8321、NY/T 1276 的要求。防治方法可以配合进行。

7.2 主要病虫害

7.2.1 叶斑病

防治方法:修剪疏密枝干,注意通风透光。可选用苦参碱、枯草芽孢杆菌、宁南霉素、香菇多糖、井冈霉素、多抗霉素等药剂或苯醚甲环唑、甲基硫菌灵、多菌灵等药剂喷雾防治。

7.2.2 蚜虫

防治方法：清除田间残枝败叶，集中销毁；充分保护和利用天敌，利用黄板诱杀。虫害严重时，可选用苦参碱、球孢白僵菌或噻虫嗪、吡虫啉等药剂喷雾防治。

7.2.3 蛴螬

防治方法：清洁田园，冬耕晒垡，利用杀虫灯诱杀。播种时可选用噻虫嗪、吡虫啉等药剂拌种或辛硫磷、吡虫啉等药剂拌毒土沟（穴）施。

7.2.4 钻心虫

防治方法：清园，修剪有虫卵枝叶，集中销毁。利用性诱剂、糖醋液诱杀成虫。充分保护和利用天敌。在卵孵化期幼虫未钻蛀之前可选用苦参碱、苏云金杆菌等药剂喷雾防治。

7.2.5 蜗牛

防治方法：可在清晨、阴天、雨天撒石灰粉、草木灰粉、盐，人工捕捉，毒饵诱杀或在排水沟内堆放青草诱杀。虫害严重时，可选用四聚乙醛、四聚·杀螺胺威等药剂喷雾防治。

8 采收

青翘：8 月中旬至 8 月下旬，采收尚未完全成熟的青色果实。水煮 7 min～10 min 或蒸 30 min，晒干或烘干。

连翘：俗称"老翘"，10 月中下旬，果实变黄褐色时采收。

9 储存

储存于清洁、通风、干燥、避光、无异味的仓库中，仓库温度控制在 30 ℃以下，相对湿度 70％～75％。产品含水量控制在 11％～13％。防止虫蛀，霉变、腐烂等现象出现。

10 生产档案

详细记录生产过程中农事活动、投入品使用等信息。

注：有机旱作连翘标准化种植技术操作流程见彩图 26。

ICS　65.020.20
CCS B38

DB1411

吕 梁 市 地 方 标 准

DB1411/T 25—2022

黄芪旱作种植技术规程

2022-11-16 发布　　　　　　　　　　　　　　　2022-11-16 实施

吕梁市市场监督管理局　发布

前　言

本文件按照 GB/T 1.1—2020《标准化工作导则　第 1 部分:标准化文件的结构和起草规则》的规定起草。

请注意本文件的某些内容可能涉及专利。本文件的发布机构不承担识别专利的责任。

本文件由吕梁市农业农村局提出,组织实施和监督检查。

吕梁市市场监督管理局对标准的组织实施情况进行监督检查。

本文件由吕梁市农业标准化技术委员会归口。

本文件起草单位:吕梁市农业农村局(吕梁市蚕桑果树工作站)。

本文件主要起草人:樊红婧、李静、刘媛林、王玲珍、孙凌、王晓兰、李慧、薛宝峰、梁鹏桢。

黄芪旱作种植技术规程

1 范围

本文件规定了旱作黄芪种植的产地环境、种植技术、采收、储存、生产档案。
本文件适用于吕梁市旱作黄芪的种植。

2 规范性引用文件

下列文件中的内容通过文中的规范性引用而构成本文件必不可少的条款。其中,注日期的引用文件,仅该日期对应的版本适用于本文件;不注日期的引用文件,其最新版本(包括所有的修改单)适用于本文件。

GB 3095 环境空气质量标准
GB/T 8321(所有部分) 农药合理使用准则
GB/T 15063 复合肥料
GB/T 25246 畜禽粪便还田技术规程
NY/T 496 肥料合理使用准则 通则
NY/T 525 有机肥料
NY/T 1276 农药安全使用规范 总则
NY/T 1868 肥料合理使用准则 有机肥

3 术语和定义

本文件没有需要界定的术语和定义。

4 产地环境

在海拔 1 000 m～2 000 m、年降水量 400 mm～550 mm、年平均气温 4 ℃～8 ℃的区域,选择远离城区、工矿区、交通主干线、工业、生活垃圾等污染源,土层深厚、结构疏松、腐殖质丰富的土壤。环境质量应符合 GB 3095 二类的要求。

5 种植技术

5.1 选地整地施肥

选择地势干燥、排水良好、阳光充足、土层深厚、富含有机质的轻质黄绵土。垄宽 150 cm～200 cm,垄高 20 cm～25 cm,沟宽 40 cm。深松耕 50 cm 以上,翻耕 30 cm～35 cm,每 667 m² 施充分腐熟的优质农家肥 2 000 kg 以上或施用商品有机肥 2 000 kg 以上,旋耕耙糖。使用肥料应符合 GB/T 15063、GB/T 25246、NY/T 496、NY/T 525、NY/T 1868 的要求。

5.2 播种时间

黄芪四季均可播种。春播 3 月～4 月;夏播 5 月上旬至 7 月上旬;秋播 8 月 10 日～9 月 20 日;冬播 11 月 10 日左右。

5.3 种子处理

选择符合播种成熟度好、饱满、无杂质的黄芪种子,播前用谷子碾米机或石碾进行处理,以黄芪种子外皮划破、表面有划痕且不伤种仁为宜。

5.4 播种方法

5.4.1 直播

直播黄芪多选用条播,行距 25 cm～35 cm,每 667 m² 播种量 1.5 kg～2.5 kg,覆土 1.5 cm～2.5 cm。

5.4.2 育苗移栽

5.4.2.1 育苗时间

5 月中旬至 6 月下旬。

5.4.2.2 播种量

每 667 m² 播种量 8 kg～10 kg。

5.4.2.3 育苗方法

条播，行距 15 cm～20 cm，播幅 8 cm～10 cm，播种深度 2 cm。

5.4.2.4 苗期管理

幼苗出土后，及时除草，间苗、定苗。

5.4.2.5 移栽

a） 移栽时间：秋季国庆节前后；冬季土壤未上冻至 11 月 20 日前；或翌年土壤解冻至清明节前，株植芽未出绿；

b） 移栽方法：开沟，沟深 15 cm～20 cm，行距 35 cm～40 cm，株距 15 cm～20 cm。

5.5 田间管理

5.5.1 间苗、定苗和补苗

幼苗出齐后，结合中耕除草间苗、定苗。苗高 5 cm，间苗。苗高 10 cm，按株距 10 cm～15 cm 定苗。缺苗部位应及时进行补种，或秋季植株地上部分枯萎后，挖苗补植移栽。

5.5.2 中耕除草

每年中耕除草 1 次～2 次，除草时间视杂草情况而定。

5.5.3 排灌水

雨涝时及时开沟排水。一般不进行灌溉；干旱严重时，有灌溉条件的可及时灌溉，喷灌、滴灌均可，避免大水漫灌。

5.5.4 施肥

每 667 m² 施用商品有机肥 150 kg 或复合肥 40 kg，分 2 次追施。施肥时间为 6 月中旬和 7 月中旬各 1 次，雨前施肥。肥料质量应符合 GB/T 15063、GB/T 25246、NY/T 496、NY/T 525、NY/T 1868 的要求。

5.5.5 打顶

若不留种，在开花前或花期分批将花梗剪掉 1 次～2 次，留高 40 cm～45 cm。

5.6 病虫害防治

5.6.1 防治原则

病虫防治坚持"预防为主、综合防治"的方针，以农业防治为基础，优先使用物理、生物防治，必要时使用化学防治。农药使用应符合 GB/T 8321、NY/T 1276 的要求。防治方法可以配合进行。

5.6.2 主要病虫害

5.6.2.1 白粉病

防治方法：合理密植，通风排水，降低土壤湿度。清除病残枯叶，并集中销毁。发病初期可选用枯草芽孢杆菌、嘧啶核苷类抗菌素或氟硅唑、吡唑醚菌酯等药剂喷雾防治。

5.6.2.2 根腐病

防治方法：及时排水，拔除病株，用石灰处理病穴。发病初期可选用枯草芽孢杆菌或大蒜素等药剂灌根。发病较严重可选用丙环唑、噁霉灵等药剂灌根。

5.6.2.3 豆荚螟虫

防治方法：清洁田园，冬耕晒垡，合理轮作和间作，调整播期，利用杀虫灯诱杀成虫。在卵始盛期释放赤眼蜂，低龄幼虫期可选用苏云金杆菌、乙基多杀菌素或甲氨基阿维菌素苯甲酸盐、茚虫威等药剂喷雾防治。

5.6.2.4 黄芪籽蜂

防治方法:清园,处理枯枝、落叶及残株,集中销毁。播种前除去有虫种子。在盛花期及种子乳熟期可选用灭蝇胺、甲氨基阿维菌素苯甲酸盐等药剂喷雾防治。

6 采收

6.1 采收时间

种植4年~5年后,于10月中旬至11月上旬,地上部茎叶枯萎后选择晴天,宜用1304型机引式采挖机将黄芪根系完整挖出。

6.2 晾晒

去净残茎、泥土,切掉芦头,选择卫生、洁净、平整的场地晾晒至根系含水量≤13%即可入库。

7 储存

储存于清洁、通风、干燥、避光、无异味的仓库中,仓库温度控制在30 ℃以下,相对湿度70%~75%。产品含水量控制在11%~13%。防止虫蛀,霉变、腐烂等现象出现。

8 生产档案

详细记录生产过程中农事活动、投入品使用等信息。

注:有机旱作黄芪标准化种植技术操作流程见彩图27。

ICS 65.020.20
CCS B38

DB1411

吕 梁 市 地 方 标 准

DB1411/T 26—2022

黄芩旱作种植技术规程

2022-11-16 发布
2022-11-16 实施

吕梁市市场监督管理局 发布

前　言

本文件按照 GB/T 1.1—2020《标准化工作导则　第 1 部分：标准化文件的结构和起草规则》的规定起草。

请注意本文件的某些内容可能涉及专利。本文件的发布机构不承担识别专利的责任。

本文件由吕梁市农业农村局提出，组织实施和监督检查。

吕梁市市场监督管理局对标准的组织实施情况进行监督检查。

本文件由吕梁市农业标准化技术委员会归口。

本文件起草单位：吕梁市农业农村局（吕梁市蚕桑果树工作站）。

本文件主要起草人：樊红婧、成殷贤、王玲珍、李静、刘媛林、王艳胜、梁鹏桢、李慧、冯丽萍。

黄芩旱作种植技术规程

1 范围

本文件规定了旱作黄芩种植的产地环境、种植技术、病虫害防治、采收、储存、生产档案。

本文件适用于吕梁市旱作黄芩的种植。

2 规范性引用文件

下列文件中的内容通过文中的规范性引用而构成本文件必不可少的条款。其中,注日期的引用文件,仅该日期对应的版本适用于本文件;不注日期的引用文件,其最新版本(包括所有的修改单)适用于本文件。

GB 3095　环境空气质量标准

GB/T 8321(所有部分)　农药合理使用准则

GB/T 15063　复合肥料

GB/T 25246　畜禽粪便还田技术规程

NY/T 496　肥料合理使用准则　通则

NY/T 525　有机肥料

NY/T 1276　农药安全使用规范　总则

NY/T 1868　肥料合理使用准则　有机肥料

3 术语和定义

本文件没有需要界定的术语和定义。

4 产地环境

在海拔 700 m～1 500 m、年降水量 450 mm～650 mm、年平均气温 6 ℃～12 ℃的区域,选择远离城区、工矿区、交通主干线、工业、生活垃圾等污染源,土层深厚、结构疏松、腐殖质丰富的土壤。环境质量应符合 GB 3095 的要求。

5 种植技术

5.1 选地整地

选择地势高燥、排水良好、阳光充足、土层深厚、富含腐殖质的沙壤土。前茬作物以禾本科植物为佳。前茬作物收获后,深松耕 50 cm 以上,翻耕 25 cm～30 cm,每 667 m² 施充分腐熟的优质农家肥 2 000 kg 以上或施用商品有机肥 2 000 kg 以上,然后旋耕耙耱。肥料质量应符合 GB/T 15063、GB/T 25246、NY/T 496、NY/T 525、NY/T 1868 的要求。

5.2 播种时间

黄芩四季均可播种。春播在 2 月下旬至 4 月;夏播在 5 月上旬至 7 月上旬;秋播在立秋以后,不晚于 9 月中旬;冬播在 11 月 10 日左右。

5.3 种子处理

选择符合播种的成熟度好、饱满的黄芩种子,播前去除杂质。

5.4 播种方法

5.4.1 直播

采用机械播种,行距 30 cm～35 cm,每 667 m² 播种量 2.0 kg～2.5 kg,覆土 2 cm。

5.4.2 套作

玉米套种黄芩,玉米株高 50 cm 以上,黄芩行距 30 cm,覆土 1.0 cm~1.5 cm。

5.5 田间管理

5.5.1 中耕除草

每年中耕除草 2 次~3 次,除草时间视杂草情况而定。

5.5.2 追肥

每 667 m² 施用商品有机肥 200 kg~300 kg 或复合肥 40 kg,分 2 次追施。施肥时间为 6 月中旬和 7 月中旬各 1 次,雨前施肥。肥料质量应符合 GB/T 15063、GB/T 25246、NY/T 496、NY/T 525、NY/T 1868 的要求。

5.5.3 打顶

开花前或花期分批将花梗剪掉 1 次~2 次,留高 25 cm~30 cm。

5.5.4 排灌水

雨涝时及时开沟排水。一般不进行灌溉。干旱严重时,有灌溉条件的可及时灌溉,喷灌、滴灌均可,避免大水漫灌。

6 病虫害防治

6.1 防治原则

病虫防治坚持"预防为主、综合防治"的方针,以农业防治为基础,优先使用物理、生物防治,必要时使用化学防治。农药使用应符合 GB/T 8321、NY/T 1276 的要求。防治方法可以配合进行。

6.2 主要病虫害

6.2.1 叶枯病

防治方法:合理密植,通风排水,降低土壤湿度。清除病残枝叶,并集中烧毁。发病初期可选用井冈霉素、枯草芽孢杆菌等药剂或苯醚甲环唑、甲基硫菌灵等药剂喷雾防治。

6.2.2 白粉病

防治方法:合理密植,通风排水,降低土壤湿度。清除病残枯叶,并集中销毁。枯草芽孢杆菌、嘧啶核苷类抗菌素或苯甲嘧菌酯、吡唑醚菌酯等药剂喷雾防治。

6.2.3 根腐病

防治方法:及时排水,拔除病株,用石灰处理病穴。发病初期可选用枯草芽孢杆菌或大蒜素等药剂灌根。发病较严重可选用嘧菌酯、噁霉灵等药剂灌根。

6.2.4 黄芩舞蛾

防治方法:清园,处理枯枝、落叶及残株。利用黑光灯诱杀成虫。发生期可选用苦参碱、苏云金杆菌等药剂或甲氨基阿维菌素苯甲酸盐、灭幼脲等药剂喷雾防治。

7 采收

7.1 采收时间

种植 3 年后采收,10 月中旬至 11 月上旬,地上部茎叶枯萎后选择晴天采挖。

7.2 晾晒

选择卫生、洁净、平整的场地进行晾晒,黄芩根系含水量≤13％即可入库。

8 储存

储存于清洁、通风、干燥、避光、无异味的仓库中,仓库温度控制在 30 ℃ 以下,相对湿度 70％~75％。产品含水量控制在 11％~13％。防止虫蛀,霉变、腐烂等现象出现。

9 生产档案

详细记录生产过程中农事活动、投入品使用等信息。

注:有机旱作黄芩标准化种植技术操作流程见彩图28。

————————————

ICS 01.040.65
CCS B31

DB1411

吕　梁　市　地　方　标　准

DB1411/T 19—2022

冷凉区夏香菇栽培技术规程

2022-11-16 发布　　　　　　　　　　　　　　　　2022-11-16 实施

吕梁市市场监督管理局　发布

前　言

本文件按照 GB/T 1.1—2020《标准化工作导则　第 1 部分：标准化文件的结构和起草规则》的规定起草。

请注意本文件的某些内容可能涉及专利。本文件的发布机构不承担识别专利的责任。

本文件由吕梁市农业农村局提出，组织实施和监督检查。

吕梁市市场监督管理局对标准的组织实施情况进行监督检查。

本文件由吕梁市农业标准化技术委员会归口。

本文件起草单位：交口县韦禾农业发展有限公司、山西农业大学山西功能食品研究院、吕梁市农业农村局、山西富之源菌业有限公司。

本文件主要起草人：李亮、张红刚、成殷贤、李佩洪、李建平、张程、石建森、秦月明、刘媛林、郭锦玉。

冷凉区夏香菇栽培技术规程

1 范围

本文件规定了冷凉区夏香菇栽培技术的术语和定义、栽培季节、大棚搭建、菌种选择、栽培、采收、转潮管理、分级、储存、病虫害防控和档案记录。

本文件适用于山西省吕梁市冷凉区夏季香菇的栽培和管理。

2 规范性引用文件

下列文件中的内容通过文中的规范性引用而构成本文件必不可少的条款。其中,注日期的引用文件,仅该日期对应的版本适用于本文件;不注日期的引用文件,其最新版本(包括所有的修改单)适用于本文件。

GB 5749 生活饮用水卫生标准

GB/T 8321(所有部分) 农药合理使用准则

GB/T 12728 食用菌术语

GB 15618 土壤环境质量 农用地土壤污染风险管控标准(试行)

GB 19170 香菇菌种

NY/T 1061 香菇等级规格

NY/T 1935 食用菌栽培基质质量安全要求

3 术语和定义

GB/T 12728 界定的术语和定义适用于本文件。

3.1

冷凉区

平均海拔 1 000 m 以上,年平均气温 8 ℃,年平均昼夜温差 13 ℃左右的区域。

3.2

夏香菇

在季节性栽培条件下,香菇菌棒出菇时间经历立夏至处暑(时间从 5 月中旬至 8 月中下旬),这段时间所产出的香菇为夏香菇,其出菇可延续至 10 月底。

4 栽培季节

推荐在 10 月中旬开始制棒,翌年 3 月至 4 月开始转色,4 月底至 5 月初开始出菇,10 月底出菇结束。

5 大棚搭建

5.1 场地选择

选择近水源且排水方便的场地,要求地势平坦,通风良好,周围无污染源。土壤符合 GB 15618 的要求,水质符合 GB 5749 的要求。

5.2 双拱棚搭建

双拱棚横截面见图 1。

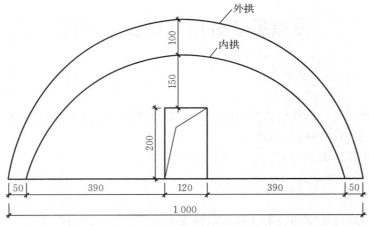

图 1   双拱棚横截面(cm)

5.2.1   双拱棚

棚宽 1 000 cm,长 5 000 cm,可根据场地大小适当调整长度。内拱高 350 cm,外拱高 450 cm,内外拱间距 100 cm,宜采用南北纵向搭建。

5.2.2   出菇架

出菇架纵向排列,架与架之间留 80 cm 宽过道。出菇架宜采用钢管焊接,设 7 层,每层宽 90 cm,层间距 25 cm,可采用 PP 打包带纵向拉伸隔层。

5.2.3   排水设施

大棚四周修建排水渠,并做防渗处理。

5.2.4   遮光及隔热保温设施

大棚外拱骨架上固定遮光度 95％的遮阳网并与卷帘机连接,内拱外部覆盖一层透明塑料膜用卡簧固定,通风口安装卷帘机。

5.2.5   降温及通风设施

5.2.5.1   降温设施

内拱棚外顶部纵向拉一道与棚等长的微喷带,内拱棚内顶部设 4 条雾喷管道,每隔 100 cm 安装喷嘴 1 套。也可根据情况,在大棚两端安装水帘风机。

5.2.5.2   通风设施

大棚内外棚两侧圈梁以上设 100 cm 宽通风窗,顶部设置 80 cm～100 cm 通风窗,通风窗设置防虫网。

6   菌种选择

选择中高温型香菇菌种,并符合 GB 19170 的要求。

7   栽培

7.1   栽培流程

培养料配制→装袋→灭菌→冷却→接种→养菌→刺孔→转色→出菇→采收→转潮管理。

7.2   培养料配制

7.2.1   原料要求

培养料要求新鲜无霉变,并符合 NY/T 1935 的要求。

7.2.2   栽培配方

配方一:阔叶硬杂木 84％、麸皮 15％、石膏 1％,含水量 56％～58％;

配方二:阔叶硬杂木 74％、果木 10％、麸皮 15％、石膏 1％,含水量 56％～58％。

7.2.3 拌料

木屑需预湿 24 h～48 h,将预湿好的木屑、麸皮、石膏倒进拌料机的拌料仓内,搅拌均匀。含水量控制在 56%～58%,pH 为 6.5～7.0。

7.3 装袋

栽培袋使用 16 cm×58 cm、17 cm×58 cm 或 18 cm×60 cm,厚 0.05 mm～0.07 mm 的高温聚乙烯塑料折角袋。拌料结束后立即装袋,采用装袋机装袋。要求装袋紧实,注意检查破孔,发现破孔用胶带贴上。

7.4 灭菌

采用常压或微压方式进行灭菌。
- a) 常压灭菌:要求菌棒料袋中心温度升至 100 ℃,保持 12 h～16 h;
- b) 微压灭菌:要求提前刺通气孔,并贴透气胶带。在压力 0.12 Mpa 条件下,料袋中心温度达 115 ℃后,保持 8 h 左右。

7.5 冷却

冷却环境要求洁净,当温度降低至 30 ℃以下时进入下一环节。

7.6 接种

7.6.1 接种前准备

需在接种帐或净化车间中进行,并进行环境卫生清理和消杀。接种时,严格检查菌种,符合 GB 19170 的要求。接种人员要着整洁工作服和工作帽,手部及菌种包装外表,用 75%酒精或新吉尔灭进行消毒。

7.6.2 人工接种

将菌种掰至小块备用,用消毒液在接种部位擦拭灭菌,均匀打 3 个～4 个孔,将菌种快速准确地塞入接种孔并压实,套上外袋或贴封口贴。

7.6.3 自动接种

边装入菌种边放置菌棒,要求速度快,菌棒朝向一致,接完种后要及时套外袋或在接种处贴封口贴。

7.7 养菌

接种完毕后,菌棒统一转运至养菌车间或养菌棚避光培养,一般采用层架式或垒垛式培养。环境温度控制在 18 ℃～22 ℃,袋温控制在 25 ℃以下,环境空气相对湿度保持在 60%左右,10 d～15 d 开始去除外袋或封口贴。垒垛式培养,菌丝直径长到 5 cm～8 cm 时开始翻堆,一般翻堆 2 次～3 次。

7.8 刺孔

根据品种不同,每袋刺 40 个～70 个孔,刺孔深度至菌袋直径的 1/3～1/2。

7.9 转色

棚内温度控制在 18 ℃～23 ℃,光照强度增至 300 lx。加大通风,保持棚内空气相对湿度在 70%～75%,持续 15 d～20 d 即可完成转色。

7.10 出菇

立夏过后,可进行出菇管理。

7.10.1 脱袋

脱袋应选择在气温 22 ℃以下,无风的晴天或阴天进行。用刀片在菌棒末端划 V 形口,然后将塑料袋脱掉,脱袋完成后整齐摆放至出菇架。

7.10.2 催蕾

催蕾分为震动催蕾和注水催蕾。
- a) 振动催蕾:对重量较适宜的菌棒(菌棒重量为原重量的 75%以上),采用振动刺激出菇;
- b) 注水催蕾:对菌棒重量降至原重量 75%以下的菌棒,采用注水器注水催蕾。要求水压适中,菌棒注水至原重量的 75%～80%。

振动或注水后,加强通风,保持棚内湿度在 90%～95%,一般 5 d～10 d 后大量现蕾。

7.10.3 疏蕾

菇蕾过密,需进行疏蕾,每棒保留 10 个~15 个菇蕾。

7.10.4 成菇管理

当菇蕾直径长至 2.5 cm 以上时,增强光照至 1 000 lx 左右,空气相对湿度降至 85% 左右,温度 25 ℃以下。温度过高,可提前开启内拱棚外顶的微喷带或棚两侧水帘风机进行降温。

8 采收

要按照收购标准及时采摘,一般在菌盖长至 4.5 cm 以上,在即将开伞而尚未开伞时采收。

9 转潮管理

上一潮采摘结束后,剔除残留菇脚,养菌 7 d~10 d 后注水催蕾,进入下一潮出菇管理。

10 分级

参照 NY/T 1061 进行分级。

11 储存

采收后,可将鲜香菇放入 0 ℃~2 ℃的保鲜库进行冷藏。

12 病虫害防控

12.1 防控原则

遵循"预防为主、综合防治"方针,优先采用农业防控、物理防控和生物防控,辅以化学防控。

12.2 主要病虫害

12.2.1 常见杂菌

木霉、曲霉、毛霉、链孢霉、酵母菌、细菌等。

12.2.2 常见虫害

菇蝇、菇蚊、螨虫、蜗牛、蛞蝓等。

12.3 防控方法

12.3.1 农业防控

合理安排生产季节,严格把控原料质量,培养料要求新鲜、无霉变并进行彻底灭菌;选用多抗的高温品种,把好菌种质量关;搞好菇场环境卫生,生产前需进行消毒,工具及时洗净消毒;废弃料应运至远离菇房的地方,创造适宜的环境条件。

12.3.2 物理防控

菇房设置防虫网、电光灯诱捕器和粘虫板等设施。

12.3.3 化学防控

掌握好生产防控关键环节,使用药剂应符合 GB/T 8321 的要求,在无菇期使用。

13 档案记录

在生产过程中应建立生产档案,并记录产地环境、栽培技术和采收等各环节的情况及数据。生产档案保留 2 年以上(见附录 A)。

附 录 A

（规范性）

生产档案

生产档案见表A.1。

表 A.1 生产档案

生产单位名称（车间/大棚）		记录时间	
培养料配方			
菌种名称		采收日期	
培养料含水量,%		单位产量,kg	
接种日期		病虫害及农药使用情况	
首潮菇现蕾时间		出厂检验情况	
子实体颜色			
填表人（签字）		审核人（签字）	
注1：农药使用情况应含使用时间、农药名称、使用范围、用量等。 注2：出厂检验情况应含检验与否,是否合格等内容。			

吕梁市
有机旱作农业生产操作流程图

月份	5			6			7		
旬	上	中	下	上	中	下	上	中	下
节令	立夏		小满	芒种		夏至	小暑		大暑
生育阶段	播种期			出苗期			苗期		拔节期
农机	1SZL-200型深松整地联合作业机				2BXF-5型播种机播种机				
生育进程									
主攻方向	选地、免耕制度、秸秆还田、品种选择				播种				

综合栽培技术

　　1.选地　选择地势平坦、土层深厚、排水方便的旱坪地和水平梯田等。前茬以豆类、薯类为宜。

　　2.免耕制度　3年一深松或一深耕。

　　3.秸秆还田　秋季秸秆还田的地块直接播种，未秸秆还田的地块实施根茬还田，每667 m² 施充分腐熟农家肥2 000 kg ~ 3 000 kg或有机肥200 kg ~ 300 kg，每667 m² 施缓控释配方肥40 kg，宜选用N-P₂O₅-K₂O（25-13-5或相近配方）。

　　4.品种选择　选用审定的适宜在吕梁市旱地种植的玉米品种。

右栏：

　　1.播期　10 cm耕层地温连续5 d稳定达到10 ℃、土壤相对含水量为60% ~ 80%时播种。

　　2.密度　合理密植，单粒播种，播种深度3 cm ~ 5 cm，半紧凑品种每667 m² 种植密度为3 000株 ~ 3 500株，紧凑品种每667 m² 种植密度为3 500株 ~ 4 000株。

　　3.播种方式

　　（1）全膜起垄宽窄行　选用幅宽165 cm、厚度0.01 mm的薄膜，杂草较多地块宜选用黑色地膜，采用小垄宽40 cm、大垄宽70 cm，垄高10 cm；地膜相接处在大垄中间，用土压实，紧贴垄面垄沟，每隔2 m用土横压覆膜后，在垄沟内每隔50 cm处打渗水孔。种子播在垄沟内，用机械起垄覆膜一体化播种作业。

　　（2）全膜起垄等行距　选用幅宽200 cm、厚度0.01 mm的薄膜，杂草较多地块宜选用黑色地膜，采用等行距种植，垄宽40 cm、垄高10 cm。种子播在垄沟内，用机械起垄覆膜一体化播种作业。

彩图1　有机旱作玉米全膜覆盖

8			9			10		
上	中	下	上	中	下	上	中	下
立秋		处暑	白露		秋分	寒露		霜降
拔节期	抽雄吐丝期		灌浆期			成熟期		

T40型植保无人机	4YZB-4型联合收割机

田间管理	病虫害防治	收获
1.放苗　及时放苗，缺苗时催芽补种，4叶～5叶时定苗，去除病、杂、弱苗，每穴留1株壮苗。 2.叶面喷施　大喇叭口期叶面喷肥。	1.大斑病、小斑病　发病初期可用吡唑醚菌酯、代森铵等药剂喷雾防治，连喷2次～3次。 2.玉米螟、棉铃虫　在卵孵化盛期或低龄幼虫期可使用除脲·高氯氟、氰戊·辛硫磷等药剂喷雾防治。 3.双斑萤叶甲　虫害发生期可选用高效氯氰菊酯、甲氨基阿维菌素苯甲酸盐等药剂喷雾防治。 4.地下害虫　播前用氯虫苯甲酰胺、溴酰·噻虫嗪等种衣剂拌种防治小地老虎等地下害虫。	玉米苞叶变黄，籽粒变硬、有光泽时收获；及时回收残膜、秸秆还田。

制图：刘小靖

标准化种植技术操作流程

月份	1 ~ 4	5			6			7		
旬		上	中	下	上	中	下	上	中	下
节令		立夏		小满	芒种		夏至	小暑		大暑
生育阶段		播种期						苗期	拔节孕穗期	

1GQN-180型旋耕机　　2BF-2/3/4型覆膜播种机　　T-30型植保机

行距40 cm ~ 45 cm

株距6 cm ~ 8 cm

主攻方向	选地、整地施肥、品种选择、种子处理	播种

综合栽培技术

　　1.选地　选择耕层深厚、通风透光的旱垣地或梯田地。

　　2.整地施肥　播前平整土地 结合整地，每 667 m² 施充分腐熟农家肥 2 000 kg ~ 3 000 kg 或有机肥 200 kg ~ 300 kg，每 667 m² 施缓控释配方肥 40 kg，宜选用 N-P₂O₅-K₂O（22-12-6 或相近配方）。达到上虚下实、地面平整。

　　3.品种选择　选用适宜当地种植的抗病、抗逆性强的优质高产品种。无霜期 140 d 以上地区用晋谷 21 号、晋谷 40 号、晋谷 29 号等品种；冷凉山区选用适宜当地的品种。

　　4.种子处理

　　（1）晒种　播前 10 d ~ 15 d 晒种 2 d ~ 3 d。

　　（2）浸种　用 50 ℃ 温汤浸种 10 min，晾干后播种。

　　1.播期　5 cm ~ 10 cm 耕层温度达到 10 ℃ ~ 15 ℃ 即可播种。

　　2.播量　每 667 m² 用种 0.4 kg ~ 0.5 kg。

　　3.密度　穴播 每 667 m² 8 000 穴 ~ 10 000 穴，条播 每 667 m² 留苗 18 000 株 ~ 22 000 株。

　　4.播种方式　宜选用地全生物降解渗水地膜，幅宽 80 cm（种植 2 行）、130 cm（种植 3 行），165 cm（种植 4 行）规格的薄膜，一次性完成开沟起垄、覆膜、打孔、播种、施肥、覆土，播深 2 cm ~ 3 cm，穴播每穴 6 粒 ~ 8 粒，穴距 20 cm；条播株距 6 cm ~ 8 cm，行距 40 cm ~ 45 cm。

彩图 2　有机旱作谷子沟植垄盖

8			9			10		
上	中	下	上	中	下	上	中	下
立秋		处暑	白露		秋分	寒露		霜降
抽穗灌浆期						成熟期		

肩负式喷雾器　　　　　　　　　　　　4LZ-4/5型谷物联合收割机

田间管理	病虫害防治	收获
1.培育壮苗　采用黄牙砣、压青砣促弱转壮。 2.施肥　适时叶面喷施磷酸二氢钾或尿素。	1.白发病　用35%甲霜灵干粉剂按种子量的0.2%～0.3%拌种。 2.谷瘟病　发病初期可选用三环唑、吡唑醚菌酯等药剂喷雾，连喷2次～3次。 3.粟叶甲　虫害发生期可选用高效氯氰菊酯乳油、甲氨基阿维菌素苯甲酸盐等药剂喷雾防治。 4.粟灰螟　虫害发生初期可用辛硫磷、毒死蜱等药剂拌毒土顺根撒施。	颖壳变黄、谷穗背面没有青粒、籽粒变硬时，使用小型或大中型谷子专用收割机收获，及时回收残膜。

制图：王建才

标准化种植技术操作流程

月份	1 ~ 4	5			6			7		
旬		上	中	下	上	中	下	上	中	下
节令		立夏			小满	芒种		夏至	小暑		大暑
生育阶段	播种期				幼苗期			花芽分化期			
农机	1GQN-200型旋耕机			2BXF-4型播种机				手推式播种机			
生育进程											
主攻方向	选地、整地施肥、品种选择、种子处理							播种			

综合栽培技术

1.选地　选择梯田地、旱垣地和缓坡地，前茬未使用长效除草剂的马铃薯茬或禾谷类茬。

2.整地施肥　秋季秸秆还田地块，春季"三墒"整地：耙糖保墒、浅耕踏墒、镇压提墒。结合整地，每667 m² 施充分腐熟农家肥2 000 kg ~ 3 000 kg或有机肥200 kg ~ 300 kg，每667 m² 施缓控释配方肥40 kg，宜选用N-P₂O₅-K₂O为15-15-10或相近的配方，每667 m² 抗旱保水缓控释剂2 kg ~ 3 kg，与配方肥混合随整地翻入土壤。

3.品种选择　选用审定或登记的适宜在吕梁市旱地种植的抗旱优质高产品种，如晋豆19、晋豆21、晋豆25、东豆1号等。

4.种子处理　播前晒种，种子用40 g/kg根瘤菌或3 g/kg钼酸铵拌种。

1.播期　4月下旬至5月中旬，5 cm土层温度以8 ℃ ~ 10 ℃为宜。

2.播量　每667 m² 播量4 kg ~ 6 kg，每667 m² 留苗8 000株 ~ 10 000株。

3.播种方式

（1）点播　穴距18 cm ~ 24 cm，每穴2粒 ~ 3粒，行距50 cm，播种深度3 cm ~ 5 cm。

（2）穴播　株距15 cm ~ 18 cm，行距50 cm，深度3 cm ~ 5 cm。

（3）探墒沟播　开沟分开干土，将种子播在湿土层上，浅覆土3 cm ~ 4 cm。

（4）免耕播种　一次性完成灭茬、旋耕、开沟、施肥、覆膜、播种作业。

（5）覆盖保墒　春旱冷凉区利用地膜覆盖或秸秆集雨保墒，选用厚度0.01 mm的薄膜，每667 m² 半膜3 kg，全膜6 kg。

彩图3　有机旱作大豆

8			9			10		
上	中	下	上	中	下	上	中	下
立秋		处暑	白露		秋分	寒露		霜降
开花结荚期			鼓粒期			成熟期		

2ZGF-2型中耕施肥机 　 T-40型植保机 　 4LZ-2型收割机

田间管理	病虫害防治	收获

1.定苗　第一片三出复叶展开前进行间苗，拔除弱苗、病苗和杂草，按规定株距留苗。

2.中耕　全生育期中耕3次。苗高5 cm ~ 6 cm时进行第一次中耕，深度7 cm ~ 8 cm；分枝前进行第二次中耕，深度10 cm ~ 12 cm；封垄前进行第三次中耕，深度5 cm ~ 6 cm，同时结合中耕进行培土。

3.集雨灌溉　充分利用小水窖、软体集雨窖、小水池小塘坝、小水果等"五小"工程，配套渗灌、滴灌、水肥一体化等设施在大豆关键需水期遇旱及时补灌。

4.追肥　开花期后期不能封垄的地块应追肥、喷施叶面肥和菌肥。

1.霜霉病　发病初期选用烯酰吗啉、霜脲·锰锌等药剂喷雾防治，施药间隔期为7 d ~ 10 d，连喷2次 ~ 3次。

2.大豆蚜　在低龄若虫或幼虫期可选用噻虫·高氯氟、高氯·吡虫啉等药剂喷雾防治。

3.红蜘蛛　害虫发生初期可选用乙螨唑、螺螨酯等药剂喷雾防治。

4.大豆食心虫、豆荚螟　大豆开花期、幼虫蛀荚之前可用高效氯氟氰菊酯、马拉硫磷等药剂喷雾防治。

当豆荚呈现其成熟色泽，有90%以上叶片完全脱落，荚中籽粒与荚壁脱离，摇动时有响声时，及时收获。播前回收残膜。

制图：薛志强

标准化种植技术操作流程

月份	1 ~ 4	5			6			7		
旬		上	中	下	上	中	下	上	中	下
节令		立夏		小满	芒种		夏至	小暑		大暑
生育阶段		播种期			幼苗期			拔节孕穗期		

1GQN-250型旋耕机　　　2BXF4型高粱播种机　　　3ZX-8型中耕机

农机

生育进程

行距50 cm　株距10 cm ~ 15 cm

主攻方向	选地、整地施肥、品种选择、种子处理	播种

综合栽培技术

1.选地　选择梯田地、沟坝地和沟川地等，前茬以未使用过长效除草剂的马铃薯茬或豆茬、秋季秸秆还田地块为宜。

2.整地施基肥　推广秸秆或根茬粉碎还田，秸秆长度不超过8 cm，根茬灭茬深度不低于7 cm。春季三墒整地：耙糖保墒、浅耕踏墒、镇压提墒。结合整地每667 m²施充分腐熟农家肥3 000 kg ~ 4 000 kg或有机肥300 kg ~ 450 kg，每667 m²施缓控释配方肥40 kg，宜选用N-P$_2$O$_5$-K$_2$O为25-13-5或相近的配方，每667 m²抗旱保水缓控释剂2 kg ~ 3 kg与配方肥混合随整地翻入土壤。

3.品种选择　选用审定或登记的适宜在吕梁市旱地种植的抗旱优质高产品种，如晋杂12、晋杂22、晋杂23等，林下种植选择晋杂34、晋杂35等矮秆品种，冷凉区选择龙杂11、新杂2号等覆膜种植。

4.种子处理　播前晒种2 d ~ 3 d。

1.播期　5 cm土层温度以10 ℃ ~ 12 ℃为宜。

2.播量　每667 m²播种量0.8 kg，每667 m²留苗高秆品种6 000株、中秆8 000株、矮秆品种10 000株。

3.播种方式

（1）等行距或宽窄行条播　行距50 cm，株距10 cm ~ 15 cm。宽窄行：宽行60 cm、窄行40 cm，株距10 cm ~ 15 cm，播种深度3 cm ~ 4 cm。

（2）探墒沟播　刮去表层干土，沟深10 cm，将种子播在湿土层上，浅覆土3 cm ~ 4 cm。

（3）覆盖保墒免耕播种　春旱冷凉区利用地膜或秸秆覆盖集雨保墒免耕技术，地膜选用厚度0.01 mm的薄膜，每667 m²半膜3 kg，全膜6 kg。

彩图4　有机旱作高粱

8			9			10		
上	中	下	上	中	下	上	中	下
立秋		处暑	白露		秋分	寒露		霜降
抽穗开花期						灌浆成熟期		

频振式杀虫灯

4LZ-5型高粱收割机

田间管理　　　　　病虫害防治　　　　　收获

田间管理

1.查苗补苗　出苗后及时查苗，出现缺苗及时浸种催芽补种或借苗移栽。

2.中耕追肥　拔节期中耕除草，遇雨追肥。

3.集雨灌溉　利用小水窖、软体集雨窖、小水池小塘坝、小水渠等"五小"工程，配套渗灌、滴灌、水肥一体化等设施在高粱关键需水期遇旱及时补灌。

4.追肥　拔节期每667 m² 追施6 kg ～ 8 kg尿素。

病虫害防治

1.黑穗病　播前用戊唑醇、拌种双等种衣剂拌种预防。

2.炭疽病　发病初期可选用苯醚甲环唑、吡唑醚菌酯等药剂喷雾防治，间隔7 d ～ 10 d，连喷2次～3次。

3.高粱蚜　在蚜虫点片发生时可选用噻虫嗪、高效氯氟氰菊酯等药剂喷雾防治。

4.玉米螟、棉铃虫　在卵孵化盛期或低龄幼虫期可使用除脲·高氯氟、虫螨腈等药剂喷雾防治。

收获

4LZ-5高粱收割机蜡熟末期人工收获，完熟期机械收获。

制图：薛志强

标准化种植技术操作流程

<table>
<tr><td>月份</td><td colspan="3">3</td><td colspan="3">4</td><td colspan="3">5</td></tr>
<tr><td>旬</td><td>上</td><td>中</td><td>下</td><td>上</td><td>中</td><td>下</td><td>上</td><td>中</td><td>下</td></tr>
<tr><td>节令</td><td>惊蛰</td><td></td><td>春分</td><td>清明</td><td></td><td>谷雨</td><td>立夏</td><td></td><td>小满</td></tr>
<tr><td>生育阶段</td><td colspan="5">选种</td><td colspan="3">播种萌芽期</td><td>幼苗期</td></tr>
<tr><td>农机</td><td colspan="4">
1GQQN-250GG型旋耕机</td><td colspan="5">
2BMF-4型施肥播种机</td></tr>
<tr><td>生育进程</td><td colspan="3"></td><td colspan="3"></td><td colspan="3"></td></tr>
<tr><td>主攻方向</td><td colspan="3">整地施基肥</td><td colspan="3">选种</td><td colspan="3">播种</td></tr>
<tr><td>综合栽培技术</td><td colspan="3">1.高粱忌连作，轮作年限至少2年。
2.对于每667 m^2产600 kg以上的地块，结合旋耕播种作业，每667 m^2施充分腐熟农家肥3 000 kg ~ 4000 kg或有机肥300 kg ~ 350 kg，每667 m^2配合施入配方肥40 kg宜选用$N-P_2O_5-K_2O$为25-3-5或相近的配方，每667 m^2产400 kg ~ 600 kg宜选用$N-P_2O_5-K_2O$为18-7-5或相近的配方。
3.对于每667 m^2产400 kg ~ 600 kg的地块，每667 m^2施充分腐熟农家肥2 000 kg ~ 3 000 kg或有机肥200 kg ~ 300 kg。
农机作业要求：选择地面坡度≤5°、适宜机械化耕作的田块。</td><td colspan="3">1.种子纯度≥93.0%、净度≥98.0%、发芽率≥80.0%、含水量≤13.0%。
2.选择适宜当地生态条件的品种。
农机作业要求：宜选择穗柄稍长、主茎分蘖高度基本一致、同时成熟的品种，如晋杂18、晋杂22等。</td><td colspan="3">1.播期　5 cm土层温度以10 ℃ ~ 12 ℃为宜。
2.播量　每667 m^2播种量0.8 kg，每667 m^2留苗高秆品种6 000株，中秆8 000株，矮秆品种10 000株。
3.播种方式
(1) 等行距或宽窄行条播　行距50 cm，株距10 cm ~ 15 cm。宽窄行：宽行60 cm、窄行40 cm，株距10 cm ~ 15 cm，播种深度3 cm ~ 4 cm。
(2) 探墒沟播　刮去表层干土，沟深10 cm，将种子播在湿土层上，浅覆土3 cm ~ 4 cm。
农机规范：宜采用精量播种施肥机，做到种肥隔离，种子与肥料间距3 cm ~ 5 cm。</td></tr>
</table>

彩图5　有机旱作高粱农艺农机一体化

6			7			8			9			10		
上	中	下	上	中	下	上	中	下	上	中	下	上	中	下
芒种		夏至	小暑		大暑	立秋		处暑	白露		秋分	寒露		霜降
幼苗期			拔节期			抽穗开花期			灌浆成熟期			收获期		

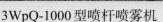

3WpQ-1000型喷杆喷雾机

高粱叶片上的蚜虫

T16型无人机

GF80-4LZ-8F型高粱联合收获机

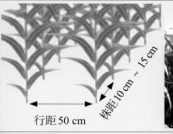

行距50 cm　株距10 cm ~ 15 cm

水肥管理	病虫害防治	收获

水肥管理

1.追肥　拔节期用中耕机进行中耕锄草追肥1次，每667 m² 追施尿素8 kg ~ 10 kg。

2.中耕　宽窄行种植模式在宽行中耕。

3.农机规范

（1）采用拖拉机配套的中耕施肥机，完成行间松土、除草、施肥、培土等工序。

（2）中耕后要求土块细碎，沟垄整齐，肥料裸露率≤5%，行间杂草除净率≥95%，伤苗率≤5%。

（3）中耕施肥深度5 cm ~ 10 cm。

病虫害防治

1.高粱对农药敏感。在一定要在试验、示范的基础上使用药剂，切不可随意加大用药量而导致药害。

2.施药时要保证药剂混合均匀，且喷雾均匀。

3.注意严格控制药剂的种类、用量和施药时间。如黑穗病在播前用戊唑醇、拌种双等种衣剂拌种预防；高粱蚜在蚜虫点片发生时可选用噻虫嗪、高效氯氟氰菊酯等药剂喷雾防治。

4.农机规范

（1）平原区、具备作业条件的丘陵山区可采用中小型拖拉机配套的悬挂喷杆式喷雾机。

（2）也可采用人力背负式喷雾器进行作业。高粱蚜：在蚜虫点片发生时可选用噻虫嗪、高效氯氟氰菊酯等药剂喷雾防治。

（3）无人机作业时风速应≤3.3 m/s。

收获

在籽粒达到完熟期、叶片枯死后收获。

农机规范：采用谷物联合收获机收获，损失率≤3%、破碎率≤1%、含杂率≤3%。

制图：陈绥远

标准化种植技术操作流程

月份	3			4			5	
旬	上	中	下	上	中	下	上	中
节令	惊蛰		春分	清明		谷雨	立夏	
生育阶段	播种—萌芽期						幼苗期	
农机	2MB-1/2型马铃薯播种机			3ZM-4型马铃薯中耕机			3WpQ-1000型马铃薯牵引式喷杆喷雾机	
生育进程						株距：25～28 cm　垄高：20～30 cm　60 cm　垄宽：70 cm　垄间宽行距：50 cm		
主攻方向	播前准备			种薯处理（选、切、拌）			田间管理	
综合栽培技术	1.选地　选择地势平缓或坡度较小、土层深厚的壤土或沙壤土。 2.整地　最好秋后深耕30 cm，早春耙耱保墒，镇压提墒。 3.施基肥　播前旋耕，做到地平土细。结合整地每667 m² 施入充分腐熟农家肥3 000 kg～4 000 kg，或施入有机肥300 kg～400 kg，配合每667 m² 施入缓控释配方肥40 kg～50 kg，宜选用N-P₂O₅-K₂O为18-18-18、15-5-25或相近的配方。			1.选种　选用早熟抗病虫、高产优质的原种或一级种薯，如费乌瑞它、实验一号等。 2.切种　播种前2 d～3 d切种，每块保持1个～2个芽眼、重量以30 g～40 g为宜。 3.拌种　切好后的100 g薯块用50%甲基硫菌灵可湿性粉剂200 g+霜脲·锰氰100 g兑水100 g和薯块搅拌均匀后加滑石粉2 kg拌匀待播。			1.播种　3月中下旬播种，采用马铃薯播种机一次性完成起垄开沟、播种、覆膜（厚度0.01 mm的地膜，优先选用全生物降解地膜）、铺管等作业。 2.密度　一垄双行宽窄行种植，窄行距60 cm，垄宽70 cm，株距25 cm～28 cm，垄高20 cm～30 cm，每667 m² 密度保持4 000株～4 500株。 3.覆土　播种后18 d～20 d进行苗前覆土，覆土厚度3 cm～5 cm，培土均匀，压膜严实。		

彩图6　有机旱作春茬马铃薯水肥一体化

	6				7	
下	上	中	下	上	中	下
小满	芒种		夏至	小暑		大暑

块茎形成期	块茎膨大期	收获

水肥一体化（输水管道设备）

fssc 01型频振式杀虫灯

4v-90型马铃薯收获机

水肥管理	病虫害防治	收获

水肥管理

根据马铃薯各个生育期需水、需肥规律，制定科学合理灌水施肥制度。

1. 选肥　选用水溶性肥料、滴灌专用肥料。

2. 推荐方案

（1）萌芽期25 d生长期灌溉1次，灌水量为每667 m² 15 m³，水溶肥宜选用N-P$_2$O$_5$-K$_2$O为30-10-10或相近的配方，施用量每667 m² 5 kg。

（2）幼苗期15 d灌溉1次，灌水量为每667 m² 20 m³，水溶肥宜选用N-P$_2$O$_5$-K$_2$O为20-20-20或相近的配方，施用量每667 m² 5 kg。

（3）块茎形成期15 d灌溉2次，7 d～8 d灌水1次，灌水量为每667 m² 30 m³，水溶肥宜选用N-P$_2$O$_5$-K$_2$O为12-7-40或相近的配方，施用量每667 m² 5 kg。

（4）块茎膨大期45 d灌溉3次，平均15 d灌水1次，灌水量为每667 m² 30 m³，水溶肥宜选用N-P$_2$O$_5$-K$_2$O为12-7-40或相近的配方，施用量每667 m² 20 kg。

3. 追肥　生育期如遇营养不足，可喷施叶面肥补充。

病虫害防治

1. 防治对象　重点防治黑胫病、早疫病、黑痣病、小地老虎、蚜虫、二十八星瓢虫等常见病虫害。

2. 防治方法

（1）黑胫病　发病初期用噻菌铜、噻唑锌等药剂滴灌或喷雾。

（2）早疫病　发病初期用丙森锌、苯甲·嘧菌酯、啶酰菌胺等药剂滴灌或喷雾。

（3）黑痣病　播种时用咯菌腈、咯菌·嘧菌酯等药剂种薯包衣。

（4）小地老虎　用吡醚·咯·噻虫进行拌种处理，或用氟氯氰·噻虫胺颗粒剂沟施。

（5）蚜虫　用吡虫啉、吡蚜酮等药剂叶面喷雾。

（6）二十八星瓢虫　在卵孵化盛期至二龄幼虫分散前，交替喷施高效氯氰菊酯、阿维菌素等药剂喷雾。

收获

7月上中旬，选用4V-90马铃薯收获机收获，10:00—15:00尽量不要采收，已经起出的要及时收回，避免太阳暴晒。

制图：张晓玲

标准化种植技术操作流程

月份	6			7			8
旬	上	中	下	上	中	下	上
节令	芒种		夏至	小暑		大暑	立秋
生育阶段	育苗期				定植初期		
农机	lf-q102型多功能起垄机		kpT-HR-680型穴盘育苗机		西蓝花移栽机		
生育进程							
主攻方向	播前准备		选种育苗		田间管理		
综合栽培技术	1.整地 收获马铃薯后，随即清园，清理残膜以及残枝枯叶。用旋耕机旋耕25 cm，一次性完成起垄覆膜（厚度0.01 mm的地膜，优先选用全生物可降解地膜）等作业，为复播西蓝花做准备。 2.施基肥 结合旋耕整地，每667 m² 施入充分腐熟农家肥2 000 kg ~ 3 000 kg，配合施入磷酸二铵20 kg、硫酸钾15 kg，使肥料与土壤充分混匀。		1.选种 选择耐寒、抗病性强、株型紧凑、花球紧实的耐寒熟品种，如秀绿、耐寒优秀等。 2.育苗 （1）营养土配置 6月下旬至7月上旬采用128穴塑料穴盘育苗，将草炭和蛭石按2∶1的体积比混合，配制成育苗基质，基质加入有机肥20 kg/m³ 混拌均匀，基质湿度控制在70%。 （2）装盘、压穴 基质装盘时要保持清洁，装平并填满穴盘四周，每10个为1摞交替叠放在一起压穴，压孔深度1 cm ~ 1.5 cm。 （3）播种 每穴播1粒种子，放在穴孔中央位置，播后在穴盘上覆盖一层按1∶1的比例配制的蛭石、珍珠岩混合物，刮去多余基质。 3.苗期管理 苗期要进行温度、湿度、病虫害管理。		1.密度 一垄双行种植，垄高20 cm ~ 30 cm，垄宽70 cm，窄行距50 cm，株距40 cm ~ 45 cm，每667 m² 密度3 000株 ~ 3 500株。 2.定植 7月下旬至8月上旬移栽定植，定植前3 d ~ 5 d先灌水润垄。 3.中耕 定植后10 d进行第一次中耕除草，以后视土壤状况进行第二次中耕除草，植株长大、叶片封住地面时不再中耕。		

彩图7　有机旱作秋茬西蓝花复播马铃薯水肥一体化

8			9			10	
中	下	上	中	下	上	中	下
	处暑	白露		秋分	寒露		霜降
营养生长期			花球成长期			收获	

水肥一体化灌溉设备

太阳能杀虫灯

西蓝花喷雾器

水肥管理	病虫害防治	收获

水肥管理

　　根据西蓝花不同生育期需水、需肥特点以及降水规律制定灌水施肥方案。

　　1.**选肥**　选用水溶性肥料、滴灌专用肥料。

　　2.**推荐方案**

　　（1）幼苗期植株生长需水肥量大，主要以提苗为主，10 d生长期灌溉2次，灌水量为每667 m² 15 m³，施肥1次，使用水溶肥N-P₂O₅-K₂O（20-20-20或相近配方），施用量为每667 m² 5 kg。

　　（2）花球形成期30 d灌溉2次，灌水量为每667 m² 10 m³，土壤湿润深度以6 cm为宜，施肥2次，水溶肥N-P₂O₅-K₂O（10-50-10或相近配方），施用量为每667 m² 10 kg。

　　（3）膨大期主要以攻球为主，20 d灌溉2次，7 d ~ 8 d灌水1次，灌水量为每667 m² 30 m³，土壤湿润深度以15 cm为宜，水溶肥N-P₂O₅-K₂O（12-7-40或相近配方），施用量为每667 m² 5 kg。

　　3.**追肥**　如遇后期营养不足，可配合喷施专用叶面肥。

病虫害防治

　　1.**防治对象**　重点防治霜霉病、黑腐病、猝倒病、蚜虫、小菜蛾、菜青虫等常见病虫害。

　　2.**防治方法**

　　（1）**霜霉病**　发生初期用氰霜唑、吡唑醚菌酯等药剂喷雾。

　　（2）**黑腐病**　用氢氧化铜药剂喷雾。

　　（3）**猝倒病**　用克哈茨木霉菌灌根；用精甲·嘧菌酯撒施。

　　（4）**蚜虫**　用溴氰虫酰胺、苦参碱等药剂喷雾。

　　（5）**小菜蛾**　用苏云金杆菌喷雾。

　　（6）**菜青虫**　用高效氯氰菊酯、辛硫磷等药剂喷雾。

收获

　　10月中下旬采收，从花球边缘向下13 cm ~ 15 cm主茎处切割采收。

制作：张晓玲

标准化种植技术操作流程（西蓝花篇）

月	4			5		
旬	上	中	下	上	中	下
节令	清明		谷雨	立夏		小满
生育阶段	播种期					
农机	旋耕犁		XH-120型一垄双行播种一体机	3ZM-4型马铃薯中耕机		
生育进程						
主攻方向	播前准备			直播技术		
综合栽培技术	1.选种　选用通过国家或山西省农作物品种审定委员会审定，如晋薯16、冀张薯12、并薯29等适合当地种植的品种。 2.催芽　将种薯置于具有散射光、16 ℃ ~ 20 ℃的条件下，催出0.5 cm ~ 1 cm紫色壮芽。 3.切种　对于≤50 g的种薯宜整薯播种；50 g以上的种薯进行切块，从头到尾竖切，重量以30 g ~ 40 g为宜，每个薯块保留1个 ~ 2个芽眼。 4.播种期　一般在10 cm地温稳定在7 ℃ ~ 8 ℃时开始播种，平川一般在4月20日以后，山区在5月初。切块播种每667 m² 用种量100 kg ~ 150 kg。			1.每667 m² 施腐熟农家肥2 000 kg ~ 3 000 kg或有机肥200 kg ~ 300 kg，也可每667 m² 施用缓控释配方肥（N-P$_2$O$_5$-K$_2$O为18-18-18、18-9-18或相近配方的复合肥料）40 kg。 2.开沟播种时采用犁开沟，沟深10 cm ~ 15 cm，按株距要求将种薯点入沟中，种薯与种肥间隔10 cm，然后再开犁覆土，种完1行后空1犁再点种。 3.采用机械化垄作一垄双行，宽窄垄栽培，宽行75 cm，窄行45 cm，垄高15 cm，播深15 cm，起垄、播种、施肥一次完成。优先选用全生物降解地膜，播种时切块切面向下。 4.一般早熟品种每667 m² 种植3 500株 ~ 4 500株；中晚熟品种每667 m² 种植3 000株 ~ 3 500株。株距依密度而定。		

彩图8　有机旱作马铃薯

6			7			8			9		
上	中	下	上	中	下	上	中	下	上	中	下
芒种		夏至	小暑			大暑	立秋		处暑	白露	秋分
幼苗期				块茎形成期			块茎膨大期				成熟期

3wp2-700型自走式柴油喷杆
喷雾机

fssc01型太阳能频振式
杀虫灯

4UX-170A型马铃薯
收获机

田间管理	病虫草害防治	收获储藏

田间管理

1.中耕培土　机播覆膜地块出苗前7 d～10 d在种植行上培土3 cm。露地种植需中耕培土，中耕分2次进行。第一次在苗高5 cm～6 cm时，结合除草培土3 cm～4 cm；第二次中耕在现蕾后进行，同时培土6 cm以上。

2.追肥　现蕾前结合降雨情况追肥培土，每667 m² 追尿素10 kg～15 kg。有条件的地块追肥后浇水。

病虫草害防治

1.防治对象　防除杂草，重点防治晚疫病、黑痣病、地下害虫、蚜虫、二十八星瓢虫等常见病虫害。

2.防治方法

（1）晚疫病　初期用丙森锌、氟啶胺、氰霜唑杀菌剂进行全田喷雾处理。

（2）黑痣病　用咯菌腈、咯菌·嘧菌酯等药剂种薯包衣。

（3）地下害虫　幼苗期喷施50%辛硫磷乳油于根部附近进行诱杀。

（4）蚜虫　吡虫啉、吡蚜酮等药剂叶面喷雾。

（5）二十八星瓢虫　在卵孵化盛期至二龄幼虫分散前，交替喷施高效氯氰菊酯、阿维菌素等药剂喷雾。

（6）豆芫菁　高效氯氰菊酯乳油喷雾防治。

收获储藏

1.采用人工收获或机械收获，应及时包装、运输、储藏。采收所用器具应清洁、卫生、无污染。

2.临时储存时，应在阴凉、通风、清洁、卫生的条件下，严防烈日暴晒、雨淋、冻害及有毒物质和病虫害的危害，存放时应堆放整齐，防止挤压等造成损伤。

3.中长期储藏时，应按品种、规格分别堆放，要保证有足够的散热间距和空间。应防止发芽和污染。

制图：刘佳薇

标准化种植技术操作流程

月份	1 ~ 4	5			6			7
旬		上	中	下	上	中	下	上
节令		立夏		小满	芒种		夏至	小暑
生育阶段		播种期					生长期	

农机	1LFZ-435型翻转犁	2BYF-4型播种机

生育进程		行距50 cm　株距18 cm ~ 24 cm

主攻方向	选地、整地施肥、品种选择、种子处理	播种

综合栽培技术	1.选地　山地、旱地、沙地、荒地均可种植，选择与禾谷类作物轮作，忌重茬，避迎茬。 2.整地施肥　早秋深耕，打破犁底层，蓄水保墒，每667 m² 施充分腐熟农家肥2 000 kg ~ 3 000 kg 或有机肥200 kg ~ 300 kg，每667 m² 施缓控释配方肥40 kg，宜选用N-P₂O₅-K₂O为15-15-10或相近的配方），每667 m² 抗旱保水缓控释剂2 kg ~ 3 kg与配方肥混合随整地翻入土壤。做到疏松适度，地面平整。 3.品种选择　选择抗旱、优质、高产的适宜在吕梁市旱地种植的品种，如中绿1号、晋绿豆4号、晋绿豆5号、晋绿豆6号、大明绿豆等。 4.种子处理 （1）播前晒种1 d ~ 2 d。 （2）用根瘤菌、增产菌拌种，或进行种子包衣处理。	1.播期　春播以5月10日至25日，夏播6月10日至20日最好，不宜晚于6月底。 2.播量　每667 m² 1.5 kg ~ 2 kg。 3.播种方法 （1）条播　株距17 cm，行距50 cm，深度3.3 cm。 （2）穴播　穴距18 cm ~ 24 cm，每穴3粒 ~ 4粒，行距50 cm，播种深度3 cm ~ 4 cm。 （3）探墒沟播　开沟分开干土，将种子播在湿土层上，浅覆土3 cm ~ 4 cm。 （4）覆膜播种　春旱冷凉区利用地膜覆盖或秸秆集雨保墒，选用厚度0.01 mm的薄膜，半膜3 kg，全膜6 kg。 （5）免耕播种　一次性完成灭茬、旋耕、开沟、施肥、覆膜、播种作业。

彩图9　有机旱作绿豆

7		8			9			10		
中	下	上	中	下	上	中	下	上	中	下
	大暑	立秋		处暑	白露		秋分	寒露		霜降
开花结荚期			鼓粒期				成熟期			

3WPQ-2000型喷雾机 　　　　　　　　　　　　　4LZ-4/5型收割机

田间管理	病虫害防治	收获
1.查苗定苗　苗齐后发现缺苗移栽补种。 2.中耕培土　在开花封垄前应中耕2次～3次，即第一片复叶展开后结合间苗进行第一次浅锄；第二片复叶展开后，开始定苗并进行第二次中耕；到分枝期结合培土进行第三次深中耕。可在3叶期或封垄前在行间开沟培土，护根防倒。 3.追肥　开花期后期不能封垄的地块应追肥、喷施叶面肥和菌肥。	1.根腐病、叶斑病用代森锰锌或多菌灵拌种或喷洒。 2.地下害虫用辛硫磷液灌根或拌毒土、毒饵防治。	植株上有60%～70%的荚成熟后，开始采摘。以后每隔6 d～8 d收摘一次；在80%豆荚成熟时进行机械收获，及时回收残膜。

制图：高晓勋

标准化种植技术操作流程

月份	1 ~ 4	5			6			7
旬		上	中	下	上	中	下	上
节令		立夏		小满	芒种		夏至	小暑
生育阶段		播种期						幼苗期

1LFZ-435型翻转犁

2BYF-4型播种机

生育进程	行距23 cm ~ 26 cm 穴距20 cm ~ 30 cm
主攻方向	选地、整地施肥、品种选择、种子处理 / 播种

主攻方向

左栏：选地、整地施肥、品种选择、种子处理

右栏：播种

综合栽培技术

　　1.选地　选择通风透光的坡梁地，肥力中等通气良好的沙质壤土。前茬以马铃薯或谷茬为好，忌连作，忌下湿湾滩地，

　　2.整地施肥　结合伏深耕，每667 m² 施充分腐熟农家肥2 000 kg ~ 3 000 kg或有机肥200 kg ~ 300 kg，每667 m² 施缓控释配方肥40 kg，宜选用N-P$_2$O$_5$-K$_2$Oz为15-15-10或相近的配方，每667 m² 施入抗旱保水缓控释剂2 kg ~ 3 kg与配方肥混合随整地翻入土壤。

　　3.品种选择　选用抗旱、优质、高产、抗病虫、抗逆性强，当地栽培的荞麦品种，甜荞如红山荞麦、北海道、晋荞麦1号、晋荞麦3号、榆荞2号等品种；苦荞宜选择适于苦荞茶加工的品种，如晋荞2号、黑丰1号等品种。

　　4.种子处理

　　（1）播前一周晒种2 ~ 3 d，剔除病粒、残粒、虫食粒及杂粒。

　　（2）根据当地具体病虫害发生情况药剂拌种。

右栏：

　　1.播期　6月中下旬至7月中旬。

　　2.播量　甜荞每667 m² 播种量2.5 kg ~ 3.0 kg，密度3万株，苦荞每667 m² 播种量3 kg ~ 4 kg为宜，密度5万株，播深4.5 cm。

　　3.播种方式

　　（1）条播　行距30 cm，播幅9 cm ~ 10 cm。

　　（2）穴播行距23 cm ~ 26 cm，穴距20 cm ~ 30 cm，每穴10粒。适于小面积或黏性强的土壤上采用。

　　（3）探墒沟播　开沟分开干土，将种子播在湿土层上，浅覆土4.5 cm。

　　（4）免耕播种　一次性完成灭茬、旋耕、开沟、施肥、覆膜、播种作业。

7		8			9		10			
中	下	上	中	下	上	中	下	上	中	下
	大暑	立秋		处暑	白露		秋分	寒露		霜降
幼苗期			现蕾开花期				成熟期			

3Z-5型中耕机

3WPQ-2000型喷药机

4LZ-2型收割机

田间管理	病虫害防治	收获
1.查苗补苗　发现缺苗断垄应及时补种，催芽或移栽。 2.间苗定苗　真叶展开前进行人工间苗。间苗后3 d～5 d定苗。 3.中耕培土　及时松土，苗高9 cm～10 cm，每10 d中耕直至现蕾期封垄。 4.辅助授粉　在盛花期8:00—10:00点系好布条两人各拉一端，在植株顶部拂过，轻晃动植株让花粉振落在花上即可。每隔2 d～3 d 1次，3次～4次即可。有条件也可放养蜜蜂辅助授粉。 5.追肥　现蕾后遇雨追肥。	1.立枯病　用多菌灵拌种。 2.轮纹病　用代森锌喷雾防治。 3.钩刺蛾　用溴氰菊酯喷雾防治。	2/3籽粒呈现黑褐色时，及时收获。

制图：高晓勋

标准化种植技术操作流程

月份	1 ~ 4	5			6		
旬		上	中	下	上	中	下
节令		立夏		小满	芒种		夏至
生育阶段	播种期				萌发出苗期		
农机	1GQN-230型旋耕机				2BMF-5型播种机		
生育进程					行距25 cm		
主攻方向	选地、整地施肥、品种选择、种子处理				播种		
综合栽培技术	1. 选地　选择前茬为豆类、胡麻、马铃薯等非重茬的，要求地势平坦，集中连片，便于管理的中等以上肥力的地块。 2. 整地施肥　结合深耕每667 m² 施充分腐熟农家肥2 000 kg ~ 3 000 kg或有机肥200 kg ~ 300 kg，每667 m² 施缓控释配方肥40 kg，宜选用N-P₂O₅-K₂O（25-13-5或相近配方），每667 m² 施入抗旱保水缓控释剂2 kg ~ 3 kg与配方肥混合随整地翻入土壤。做到上虚下实、深浅一致，地平土碎。 3. 品种选择　选择抗旱、优质高产、抗病虫、抗逆性强、适合吕梁市旱地种植的莜麦品种，如坝莜系列、品燕系列、白燕系列等。 4. 种子处理　播前晒种2 d ~ 3 d，剔除病粒、残粒、虫食粒及杂粒。				1. 播期　5月中下旬。 2. 播量　每667 m² 基本苗20万株 ~ 30万株，播量10 kg左右。 3. 播种方式 （1）条播　行距25 cm左右，播幅2 cm ~ 3 cm，播深3 cm ~ 4 cm。 （2）墒沟播　开沟分开干土，将种子播在湿土层上，浅覆土3 cm ~ 4 cm。 （3）免耕播种　一次性完成灭茬、旋耕、开沟、施肥、播种。		

彩图 11　有机旱作莜麦

7			8			9			10		
上	中	下	上	中	下	上	中	下	上	中	下
小暑		大暑	立秋		处暑	白露		秋分	寒露		霜降
分蘖期			拔节孕穗期			抽穗扬花灌浆期			成熟期		

3Z-5型中耕机

T-30型植保机

4LZ-2型收割机

田间管理	病虫害防治	收获
1.苗期管理 早锄，浅锄，去除杂草。 2.中期管理 分蘖拔节期，旱地应趁雨追肥。在分蘖期和拔节后各中耕一次，重点放在第一锄，要深锄、碎锄、锄净，严禁拉大锄。第二锄要浅锄。 3.后期管理 开花灌浆期，可用0.2% ~ 0.3%磷酸二氢钾水溶液与20%的尿素溶液混合作根外追肥，每667 m² 喷液70 kg。1周后再复喷1次，促进灌浆，提高粒重。 4.追肥 根据长势，及时补充生长所需肥料。	1.坚墨穗病 用三唑酮拌种。 2.蚜虫 高效氯氟氰菊酯防治。 3.地下害虫 用辛硫磷防治	麦穗由绿变黄、上中部籽粒变硬、表现出籽粒正常的大小和色泽、进入黄熟期时收获。

制图：刘小靖

标准化种植技术操作流程

月份	1～4	5			6			7		
旬		上	中	下	上	中	下	上	中	下
节令		立夏		小满	芒种		夏至	小暑		大暑
生育阶段	播种期				苗期			花荚期		

1LFZ-435型翻转犁　　　2BXF-4型播种机　　　2ZGF-2型中耕机

| 农机 | | | |

生育进程

行距50 cm

株距20 cm

主攻方向	选地、整地施肥、品种选择、种子处理	播种

综合栽培技术

1.选地　选择冷凉干旱区的川地、坪地、梁地、缓坡地，土壤以轻沙壤为宜，忌低洼涝地，前茬以禾谷类、薯类为好。

2.整地施肥　3年一深松或深耕，深度30 cm。秋后秸秆粉碎还田，每667 m² 施充分腐熟农家肥2 000 kg～3 000 kg或有机肥200 kg～300 kg，每667 m² 施缓控释配方肥40 kg，宜选用N-P₂O₅-K₂O为15-15-10或相近配方，每667 m² 施抗旱保水缓控释剂2 kg～3 kg与配方肥混合随整地翻入土壤。封冻前碾压封墒。沙质旱地秋后免耕，早春进行耙糖，清除前茬杂物，播前墒情好进行浅耕、整地，遇干旱、干热风，不耕翻土地。

3.品种选择　选用抗旱、优质、高产、适合当地种植的红芸豆品种，如英国红、金芸1号、金芸2号等。

4.种子处理　播前晒种2 d～3 d，剔除病粒、残粒、虫食粒及杂粒。

1.播期　5月上旬。

2.播量　适宜密度为每667 m² 1.2万株～1.4万株。播量每667 m² 6 kg～8 kg。

3.播种方式

（1）覆膜播种　选用幅宽800 mm、厚度为0.01 mm薄膜，膜侧播种，行距50 cm，穴距20 cm，每穴3粒～4粒，1穴双株，每667 m² 留苗14 000株。

（2）露地播种　行距40 cm、株距13.2 cm，每穴2粒～3粒，1穴1株，每667 m² 12 000株左右。

（3）间作套种　西瓜间套红芸豆等。

彩图12　有机旱作红芸豆

8			9			10		
上	中	下	上	中	下	上	中	下
立秋			处暑	白露		秋分	寒露		霜降
花荚期			鼓粒期			成熟期		

3WPZ-800型喷药机

4LZ-2型收割机

田间管理	病虫害防治	收获
施肥 苗齐后，及时查苗、补苗，封垄前中耕，结夹初期用0.3%用磷酸二氢钾、0.1%硼砂、0.3%钼酸铵混合液进行根外追肥，7 d～10 d 1次。追肥开花期后期不能封垄的地块应采取追肥、喷施叶面肥和菌肥。	1.根腐病用甲基托布津防治。 2.豆荚螟、蚜虫用鱼藤酮喷雾防治。 3.地下害虫用辛硫磷灌根防治。	当全株2/3荚果变黄、籽粒变硬，呈固有色泽、下部叶变黄脱落，即可收获，及时回收残膜。

制图：王建才

标准化种植技术操作流程

月份	2			3			4			5		
旬	上	中	下	上	中	下	上	中	下	上	中	下
节令	立春		雨水	惊蛰		春分	清明		谷雨	立夏		小满
生育阶段	播种期								幼苗期			

1GLZ-200C型旋耕机　　　　RX-bzj型播种覆膜一体机　　　　多功能移栽机

行距50 cm　株距35 cm

主攻方向	适时早播　培育壮苗	合理密植　促苗早发

综合栽培技术

1.选种　选用抗病、抗逆、优质、丰产、耐储运、适应市场的品种，如晟唐470、红禧、巨红宝石等。

2.种子处理　在50 ℃温水中浸种20 min，之后将水温降至30 ℃恒温浸泡5 h左右，捞出用干净湿布包好置于28 ℃的恒温箱中催芽，70%以上种子露白后即可播种；包衣种子可以直播。

3.育苗　在背风向阳处作阳畦供育苗用，选用温室、大棚、露地小拱棚育苗，选用育苗专用基质，装入72孔或105孔的穴盘。

4.播种　4月上旬为宜。将装好的穴盘打孔1 cm，每穴放1粒发芽的种子加盖基质1 cm喷水，覆盖塑料膜保温保湿。

5.出苗　幼苗出土后结合间苗，再分2次撒盖0.5 cm ~ 0.6 cm厚营养土。3片真叶时带土坨按10 cm×10 cm苗距分苗，分苗后适当提高温度，缓苗后降温。定植前1周左右通风炼苗。

右栏：

1.施肥　结合整地，每667 m²施充分腐熟有机肥3 000 kg ~ 4 000 kg或商品有机肥300 kg ~ 400 kg，每667 m²施入硫酸钾型（N-P₂O₅-K₂O为14-6-20或相近配方）配方肥40 kg ~ 50 kg。深翻30 cm ~ 35 cm，耕后耙糖整平，按垄距130 cm、垄宽60 cm、垄高15 cm起垄覆膜。

2.节水抗旱　每667 m²用抗旱保水缓控释剂2 kg ~ 3 kg与配方肥混合均匀随整地翻入土壤。配置新型软体集雨窖，利用窖面、设施棚面及园区道路等作为集雨面，蓄集自然降水。在水源方便的地块，铺设滴灌带或微喷带进行补水灌溉。

3.定植　5月在垄上开穴定植，一垄双行种植，打孔定植，封严定植孔。应选无风晴天上午进行，每667 m²2 500株 ~ 3 000株。

彩图13　有机旱作番茄

6			7			8			9			10		
上	中	下	上	中	下	上	中	下	上	中	下	上	中	下
芒种		夏至	小暑		大暑	立秋		处暑	白露		秋分 寒露			霜降
幼苗期			生长期						成熟期					

软体水窖

2BMZF-2型施肥机

fssc 01型太阳能频振式诱虫灯

田间管理

收获

1.肥水管理　定植后及时浇水，7 d后长出新叶后浇缓苗水，然后进行中耕蹲苗。结果期10 d ～ 15 d浇1次水，每隔一水追1次肥，每次每667 m² 可追复合肥20 kg或水溶肥5 kg ～ 10 kg。无水源条件的，结果期结合降雨酌情追施1次 ～ 2次高钾配方肥、复合肥或复混肥，每667 m² 每次15 kg ～ 20 kg。结合病虫害防治，叶面喷施0.3%磷酸二氢钾或1 000倍黄腐酸或氨基酸叶面肥。

2.植株调整　苗高30 cm左右时，及时支架绑蔓，并采取单干整枝，摘除侧枝，第一穗果坐稳后结束蹲苗，继续绑蔓上架，整枝打杈。

3.病虫害防治　防治晚疫病可用0.5%氨基寡糖素水剂或10%嘧菌酯悬浮剂交替喷洒。防治棉铃虫可用10%溴氰虫酰胺可分散油悬浮剂或14%氯虫·高氯氟微囊悬浮剂等喷洒。

第一穗果转红后，及时采摘上市，防止坠秧。采收后及早追肥、浇水，促第2 ～ 3穗坐果和果实膨大。9月中下旬采收结束后及时拉秧，清理架杆。用于远距离销售的可在果实刚转红时采收，用于当地市场销售的可在果实全红后采收。

制图：孙凌

标准化种植技术操作流程

月份	2			3			4			5			6	
旬	上	中	下	上	中	下	上	中	下	上	中	下	上	中
节令	立春		雨水	惊蛰		春分	清明		谷雨	立夏		小满	芒种	
生育阶段	播种期									幼苗期				

农机

1GLZ-200C型旋耕机　　RX-b型播种覆膜一体机

生育进程

穴距33 cm

行距50 cm

主攻方向	培育壮苗	合理密植　促苗早发

综合栽培技术

1. 选种　选用优质、高产、抗病虫、商品性好的优种，如海丰16、海丰23、硕丰九号等。

2. 种子处理　用10%的磷酸三钠浸种20 min ~ 30 min后，温水洗净，55 ℃温水浸泡15 min，水温降至30 ℃，浸种4 h，清洗干净后晾干催芽，70%以上种子发芽时即可播种。包衣种子可直播。

3. 育苗　选用温室、大棚或露地小拱棚育苗。采用穴盘、营养钵等护根育苗方式。选用育苗专用基质，装入6盘72孔或105孔的穴盘。

4. 播期　3月上旬为宜。将装好的穴盘打孔1 cm，每穴平放1粒发芽的种子，加盖基质1 cm喷水，覆盖塑料膜保温保湿。

5. 出苗　苗床浇透水，水渗后撒细沙，将种子均匀撒于床面，覆盖湿润床土，出苗后再盖2次细土。苗高3 cm、9 cm时各间苗1次，严格控制苗床温度，6片 ~ 8片真叶，高度15 cm左右时，即可出圃定植。定植前7 d ~ 10 d进行低温炼苗。

1. 施肥　结合整地，每667 m² 施充分腐熟农家肥3 000 kg ~ 4 000 kg或商品有机肥300 kg ~ 400 kg，每667 m² 硫酸钾型N-P$_2$O$_5$-K$_2$O（18-7-20）配方肥或相近配方肥40 kg ~ 50 kg。深翻30 cm ~ 35 cm，耕后耙耱整平，按垄距120 cm、垄宽50 cm、垄高15 cm起垄覆膜栽植。

2. 节水抗旱　定植覆膜前，做好节水抗旱措施。每667 m² 用抗旱保水缓控释剂2 kg ~ 3 kg与配方肥混合均匀随整地翻入土壤。配置新型软体集雨窖，利用窖面、设施棚面及园区道路等作为集雨面，蓄集自然降水。在水源方便的地块，铺设滴灌带或微喷带进行补水灌溉。

3. 定植　当地温稳定至12 ℃以上时定植。双行种植，株距25 cm ~ 30 cm，打孔蓄水稳苗，封严定植孔。早春定植，应选无风晴天上午进行。一般每667 m² 4 000株 ~ 4 500株。

彩图14　有机旱作辣椒

6	7			8			9		
下	上	中	下	上	中	下	上	中	下
夏至	小暑		大暑	立秋		处暑	白露		秋分
生长期					成熟期				

软体水窖

多功能施肥机

4GL-120型收割机

田间管理

收获

1.肥水管理　定植后3 d～4 d浇缓苗水。有水源条件的，采用膜下滴灌或暗灌，然后进行蹲苗，门椒坐住后，结合浇水追施大量元素水溶肥每667 m² 5 kg～10 kg。结果期结合浇水追肥2次～3次，每667 m²追施高钾大量元素水溶肥5 kg～10 kg。无水源条件的，结果期结合降雨酌情追施1次～2次高钾复合肥或配方肥，每667 m²每次15 kg～20 kg。结合病虫害防治，叶面喷施0.3%磷酸二氢钾或1 000倍黄腐酸或氨基酸叶面肥。

2.植株调整　门椒开花后，及时摘除下部侧枝，改善通风。降雨或浇水后，及时进行中耕除草。

3.病虫害防治　用50%的咪鲜胺锰盐可湿性粉剂或42%氟啶胺悬浮剂喷治炭疽病。用2%香菇多糖可溶液剂或50%氯溴异氰尿酸可溶粉剂喷治病毒病。用10%的溴氰虫酰胺悬浮剂或1.5%苦参碱可溶液剂喷治蚜虫。

根据生长情况及市场要求，及时分批采收，鲜食采收青果。制干加工采收红熟的果实。防止生长过老，降低品质，每采收一次应追1次肥、浇1次水。采收过程中所用工具要清洁、卫生、无污染。

制图：孙凌

标准化种植技术操作流程

月份	3			4			5	
旬	上	中	下	上	中	下	上	中
节令	惊蛰		春分	清明		谷雨	立夏	
生育阶段	播种期						幼苗期	

多功能耕地机　　　RX-bzj型播种覆膜一体机　　　西葫芦移栽机

行距30 cm　　株距30 cm

主攻方向

适时早播　培育壮苗　　　　　　　合理密植　促苗早发

综合栽培技术

1.选种　选用优质、高产、抗病虫、抗逆性强、适应性广、商品性好、耐储运的西葫芦品种，如鑫玉瑞、珍玉10号、珍玉35号、珍玉369号等。

2.种子处理　将选好的种子在55 ℃的温水中浸泡15 min，将水温降至30 ℃，再继续浸种4 h。捞出后清洗干净，置于25 ℃~30 ℃的温度下保温保湿催芽，待80%的种子露白，即可播种。

3.育苗　选用温室、大棚或露地小拱棚育苗。采用穴盘、营养钵等护根育苗方式。选用育苗专用基质，调节含水量为50%~60%装入32孔或50孔的穴盘。

4.播种　穴盘育苗3月下旬至4月上旬，露地直播4月下旬~5月上旬。包衣种子直接播种。将装好的穴盘打孔1.5 cm，每穴平放1粒发芽的种子，加盖基质1.5 cm喷水，覆盖塑料膜保温保湿。

5.出苗　70%以上出苗后揭掉地膜，定植前5 d~7 d炼苗，适应定植环境。株高10 cm~15 cm、3片真叶前后，注意观察叶片，根据需要浇水。

1.施肥　结合整地，每667 m² 施充分腐熟农家肥3 000 kg~4 000 kg或商品有机肥300 kg~400 kg，每667 m² 施入硫酸钾型N-P₂O₅-K₂O（20-10-20）配方肥或相近配方肥40 kg~50 kg。深翻25 cm~30 cm，耕后耙糖整平，按垄距120 cm、垄宽50 cm、垄高15 cm起垄覆膜。

2.节水抗旱　每667 m² 用抗旱保水缓控释剂2 kg~3 kg与配方肥混合均匀随整地翻入土壤。配置新型软体集雨窖，利用窖面、设施棚面及园区道路等作为集雨面，蓄集自然降水。在水源方便的地块，铺设滴灌带或微喷带进行补水灌溉。

3.定植　当地温稳定至12 ℃以上时定植。一垄双行，按株距60 cm打孔种植。打孔蓄水稳苗，封严定植孔。早春定植，应选无风晴天上午进行。墒情不足时，孔内酌情浇水，每穴点2粒种子，覆土2 cm~3 cm。出苗后每穴选留1株壮苗。

彩图15　有机旱作西葫芦

5	6			7		
下	上	中	下	上	中	下
小满	芒种		夏至	小暑		大暑
幼苗期	生长期			成熟期		

软体水窖　　　　　　　多功能施肥机　　　　　　　太阳能杀虫灯

田间管理　　　　　　　　　　　　　　　　收获

1.肥水管理　有水源条件的，采用膜下滴灌或暗灌，定植后 3 d ～ 4 d 浇缓苗水。然后进行蹲苗，待根瓜长至10 cm时，结合浇水追施大量元素水溶肥每667 m² 5 kg ～ 10 kg。根瓜采收后第二次追肥浇水，结瓜盛期每隔10 d ～ 15 d 浇水追肥1次。无水源条件的，结果期结合降雨酌情追施1次～ 2次高钾复合肥。结合病虫害防治，叶面喷施 0.3%磷酸二氢钾或1 000 倍黄腐酸或氨基酸叶面肥。

2.植株调整　伸蔓后，及时摘除侧枝和畸形果。降雨或浇水后，及时进行中耕除草。

3.病虫害防治　猝倒病可用0.3%精甲·噁霉灵可溶粉剂喷治。白粉病可用25%吡唑醚菌酯悬浮剂或25%乙嘧酚悬浮剂、32.5%苯甲·嘧菌酯悬浮剂等喷治。霜霉病可用100 g/L 氰霜唑悬浮剂或250 g/L 吡唑醚菌酯乳油喷治。蚜虫可用1.5%苦参碱可溶液剂或4% 阿维·啶虫脒乳油、10% 溴氰虫酰胺可分散油悬浮剂等喷治。

根据果实生长情况适期分批采收嫩果，瓜长到1 kg ～ 1.5 kg、果重 300 g ～ 400 g 即可采收，根瓜应适当早收。

制图：孙凌

标准化种植技术操作流程

月份	7			8	
旬	上	中	下	上	中
节令	小暑		大暑	立秋	
生育阶段				播种期	

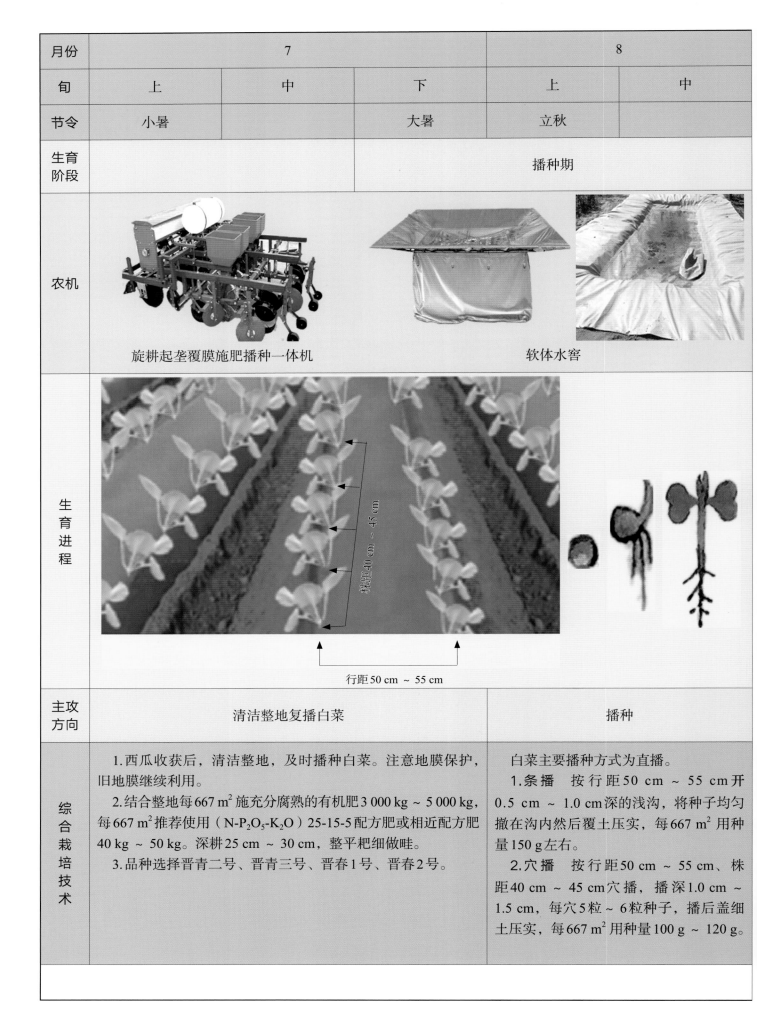

旋耕起垄覆膜施肥播种一体机　　　　　　　软体水窖

株距 40 cm ~ 45 cm

行距 50 cm ~ 55 cm

主攻方向	清洁整地复播白菜	播种
综合栽培技术	1.西瓜收获后，清洁整地，及时播种白菜。注意地膜保护，旧地膜继续利用。 2.结合整地每667 m² 施充分腐熟的有机肥3 000 kg ~ 5 000 kg，每667 m² 推荐使用（N-P₂O₅-K₂O）25-15-5配方肥或相近配方肥40 kg ~ 50 kg。深耕25 cm ~ 30 cm，整平耙细做畦。 3.品种选择晋青二号、晋青三号、晋春1号、晋春2号。	白菜主要播种方式为直播。 1.条播　按行距50 cm ~ 55 cm开0.5 cm ~ 1.0 cm深的浅沟，将种子均匀撒在沟内然后覆土压实，每667 m² 用种量150 g左右。 2.穴播　按行距50 cm ~ 55 cm、株距40 cm ~ 45 cm穴播，播深1.0 cm ~ 1.5 cm，每穴5粒 ~ 6粒种子，播后盖细土压实，每667 m² 用种量100 g ~ 120 g。

彩图16　有机旱作西瓜复播白菜

8	9			10			11		
下	上	中	下	上	中	下	上	中	下
处暑	白露		秋分	寒露		霜降	立冬		小雪
幼苗期			莲座期					收获期	

杀虫灯	无人机植保	手推打药机植保	白菜收割机

加强管理促壮苗	肥水齐攻促包心	收获储藏

1.出苗后5 d～6 d第1次间苗，去弱留强，条播的留苗间距2 cm～3 cm；白菜3～4片叶时进行第2次间苗，条播地块的苗距8 cm，穴播时每穴留3株左右，再过5 d～6 d时进行第3次间苗。

2.幼苗生长25 d左右到达团棵期，按株距40 cm～45 cm定苗，每667 m² 留苗3 000株左右。发现缺苗应及时补栽。补苗宜在晴天下午或阴天，栽苗后及时浇水。在第2次间苗后、定苗后和莲座中期进行中耕锄草。如发现菜青虫、小菜蛾，在3龄前用4.5%高效氯氰菊酯2 000倍液或20%除虫脲1 000倍～1 500倍液防治。

有水源条件的，采用滴灌或微喷灌，适时浇水，保持土壤湿润，保证齐苗壮苗。间苗、定苗后各浇1水。莲座期适当控水蹲苗。包心初期结合浇水进行追肥，每667 m² 追尿素15 kg～20 kg。包心期酌情浇1次～2次水。

无水源条件的，包心期结合降雨每667 m² 追尿素15 kg～20 kg。

11月中旬，白菜基本停止生长，应及时收获上市或晾晒3 d～5 d入窖储藏。

制图：李勇

标准化种植技术操作流程（白菜篇）

月份	3			4			5		
旬	上	中	下	上	中	下	上	中	下
节令	惊蛰		春分	清明		谷雨	立夏		小满
生育阶段				播种期			幼苗期		伸蔓期
农机	旋耕起垄覆膜施肥滴灌一体机 点播机 吊杯式移栽机								
生育进程	行距200 cm 株距50 cm ~ 60 cm								
主攻方向	挖穴集中施肥			加强管理育壮苗					
综合栽培技术	1.选肥力中等、浇水方便的轻沙壤土,切忌重茬。 2.早春做好耱地。播前按行距200 cm、株距50 cm ~ 60 cm,挖种植穴,穴深30 cm,结合挖穴每667 m² 施农家肥3 000 kg,硝酸磷肥50 kg、过磷酸钙25 kg。要求穴内的土与肥料拌匀。同时每667 m² 用250 g甲基硫环磷与细土制成毒土,撒于穴内,以防地下害虫。 3.4月下旬坐水点播,播后覆土3 cm,并低于地表5 cm,然后加盖地膜。品种选用礼花一号、晋旱蜜1号、农丰4号。			1.瓜苗出土后让其在膜下瓜穴内生长,暂不放苗,如气温渐高,为防止徒长,可将苗顶地膜用刀片割开小口放风。 2.5月中下旬、晚霜之后,气温稳定时,再将瓜苗放出膜外,并结合间苗,以每穴留两苗为好,放苗后用湿土将放苗孔四周封严,当瓜苗长到5片 ~ 6片叶时,可定苗,选留生长比较一致的苗,过强、过弱、伤病苗都应除去。 3.西瓜苗团棵后,生长渐盛,注意中耕除草。可用40%乐果乳油2 000倍液喷雾防治蚜虫。					

彩图17　有机旱作西瓜复播白菜

6			7			8		
上	中	下	上	中	下	上	中	下
芒种		夏至	小暑		大暑	立秋		处暑
伸蔓期			开花膨瓜期			收获期		

软体水窖　　　　　　　　杀虫灯　　　　　　　　无人机植保　　　　　　　　收获

及时压蔓促坐果	加强管理促膨大
瓜蔓长到30 cm以上时进行压蔓、整枝，采用单蔓整枝，及时去除侧芽，继续中耕行间空地，小水浅浇1次。现花后要将雄花和第一个雌花打掉，节约养分，促第二雌花早出现，选留10片～11片叶腋出现的雌花坐瓜。在第二雌花开放当天上午进行人工辅助授粉，促进坐瓜。继续做好压蔓工作，及时去除侧芽。	1. 瓜胎长到鸡蛋大以后，应在瓜根旁开穴亩追施饼肥200 kg，或腐熟人粪尿1 000 kg，然后浇一水。忌单一追施氮素化肥。用75%百菌清可湿性粉剂600倍液、50%多菌灵500倍液、70%代森锰锌400倍液，防治西瓜炭疽病和霜霉病。 　　2. 西瓜膨大期，每667 m² 用磷酸二氢150 g，兑水40 kg喷雾，促进西瓜成熟和提高含糖量。 　　3. 7月底西瓜成熟及时收获上市。采用此模式，一般每667 m² 产4 000 kg。西瓜收获后，在立秋前种植白菜。

制图：李勇

标准化种植技术操作流程（西瓜篇）

月份	4			5			6		
旬	上	中	下	上	中	下	上	中	下
节令	清明		谷雨	立夏	小满	芒种			夏至
生育阶段	播种期				幼苗期		生长期		
农机	旋耕起垄铺膜机			点播机			插电式户外杀虫灯		
生育进程				株距20 cm ~ 25 cm　行距44 cm					
主攻方向	精细整地施足肥		选优种机械直播		田间管理强结荚				
综合栽培技术	1.选地整地　地温恒定在10 ℃以上时，选择前茬非豆科类作物用地，深翻土地30 cm以上。 2.施足基肥　每667 m²施充分腐熟农家肥3 000 kg ~ 5 000 kg或商品有机肥300 kg ~ 500 kg、推荐使用N-P₂O₅-K₂O为15-18-7或相近的配方肥40 kg ~ 50 kg作基肥，平整土地，覆盖地膜。		1.品种优选　白玉八号、赤研红星、爽绿特嫩。 2.播种期　4月下旬或5月上旬。 3.播种方法　膜上打孔直播，行距60 cm，株距20 cm ~ 25 cm，每穴3粒 ~ 4粒种子，播后覆土。 4.播种模式　推荐选用四沟三垄式全膜覆盖机械化播种或半膜覆盖播种。		1.搭架引蔓　幼苗长至20 cm ~ 30 cm时进入抽蔓期，要及时搭架引蔓上架，后期及时摘除下部老叶、黄叶、病叶。 2.苗期管理　苗期至开花前一般不浇水，中耕松土2次 ~ 3次，达到保墒增温除草促壮苗目的。 3.结荚期管理　进入结荚期，结合降雨或灌溉追肥1次 ~ 2次，每667 m²追施复合肥20 kg或大量元素水溶肥5 kg ~ 10 kg。结荚盛期及时浇水施肥，保持田间见干见湿。中后期可追施硫酸钾1次 ~ 2次，每次每667 m²施15 kg ~ 20 kg。				

彩图18　有机旱作架豆复播生菜

7			8	
上	中	下	上	中
小暑		夏至	小暑	

<table>
<tr><td colspan="5" align="center">收获期</td></tr>
</table>

 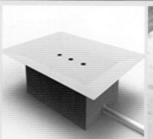  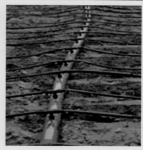

绑蔓机   10 m³集雨窖   水肥一体化设备

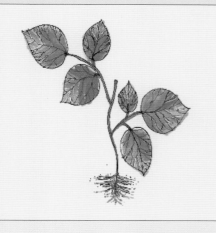  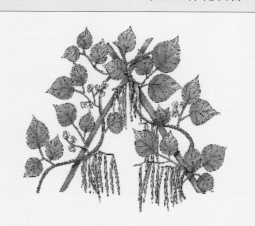

病虫害防治	及时采收促高产
1.锈病　每667 m²用10%苯醚甲环唑水分散粒剂50 g ～ 83 g喷雾防治。 2.蚜虫　每667 m²用5%啶虫脒乳油30 g ～ 50 g喷雾防治。 3.白粉虱　每667 m²用20%啶虫脒可溶液剂4.5 g ～ 6.75 g喷雾。 4.斑潜蝇　每667 m²用1.8%阿维菌素乳油40 g ～ 80 g喷雾。 5.红蜘蛛　每667 m²用3.2%阿维菌素乳油22 mL ～ 45 mL喷雾。 6.豆荚螟　每667 m²用5%氯虫苯甲酰胺悬浮剂30 mL ～ 60 mL防治。	1.适时采收　豆荚长至15 cm左右，荚色发亮时及时采收嫩荚上市。 2.采收时限　采收期可延续到8月上中旬。 3.准备复茬　及时拉秧清园，备播生菜。

制图：王美玲

标准化种植技术操作流程（架豆篇）

月份	8				9
旬	上	中		下	上
节令	立秋			处暑	白露
生育阶段	育苗期			定植期	
农机	rs-800型穴盘育苗机			yc02型秧苗移栽机	
生育进程				株距20 cm ~ 25 cm 行距20 cm ~ 25 cm	
主攻方向	选种育苗			整地定植	
综合栽培技术	1.选种　结球生菜、玻璃生菜。 2.育苗 （1）营养土配制　用128孔穴盘育苗，基质采用草炭∶蛭石=2∶1或草炭∶蛭石∶珍珠岩=3∶1∶1体积比混合配制，每立方米基质加入有机肥20 kg混拌均匀，湿度控制在70%。 （2）装盘压穴　基质装盘时要保持清洁，装平并填满穴盘四周，压穴，压孔深度0.5 cm ~ 1 cm。 （3）播种　每穴播1粒种子，放在穴孔中央位置后覆土铺平盖膜。 3.苗期管理　苗期要进行温度、湿度、病虫害管理。			1.整地　迅速清理上茬残余，注意地膜和节水灌溉设备保护，本茬继续利用。 2.定植　幼苗长至4片 ~ 5片真叶时穴孔定植，摆苗培土封孔。株距20 ~ 25 cm、行距20 ~ 25 cm。	

彩图19　有机旱作架豆复播生菜

9		10			11
中	下	上	中	下	上
	秋分	寒露		霜降	立冬
生长期			采摘期		

T20型无人植保机

叶菜收获机

田间管理	采收及主要病虫害防治

1.浇水　定植后5 d ~ 7 d浇缓苗水，随后根据缓苗后天气、土壤湿润情况适时浇水。一般5 d ~ 7 d浇1次，中后期控制浇水不过量。

2.追肥　缓苗期追少量速效氮肥，15 d ~ 20 d后每667 m² 追水溶肥15 kg ~ 20 kg、包心时追20 kg ~ 25 kg水溶肥。

3.节水措施

（1）保水剂　每667 m² 用保水剂2 kg ~ 3 kg与10倍 ~ 30倍的干燥细土混匀，沿种植带沟施。

（2）集水窖　配置新型软体集雨窖蓄集自然降水。

（3）节水灌溉　铺设水肥一体化设备。

（4）"五小"水利工程。

1.采收　生菜采收宜早不宜迟，当植株具有15 ~ 25片叶、株重100 g ~ 300 g时及时采收。

2.病虫害防治

（1）软腐病　每667 m² 用5%寡糖-噻霉酮悬浮剂30 mL ~ 50 mL喷雾。

（2）炭疽病　每667 m² 用23%吡唑-甲硫灵悬浮剂100 mL ~ 150 mL喷雾。

（3）菌核病　每667 m² 用25%多菌灵可湿性粉剂300 g ~ 400 g喷雾。

（4）蚜虫　每667 m² 用25 g/L高效氯氟氰菊酯乳油20 mL ~ 25 mL喷雾。

3.清洁田园　生产周期结束后清理田园，残枝枯叶进行无害化处理，不降解的地膜送回收点。

制图：王美玲

标准化种植技术操作流程（生菜篇）

月份	3			4
旬	上	中	下	上
节令	惊蛰		春分	清明
生育阶段	育苗期			
农机	rs-800型穴盘育苗机　　　　SY-50型旋耕起垄铺膜机　　　　yc02型秧苗移栽机			
生育进程				
主攻方向	保温控湿育壮苗		整地施肥节水	
综合栽培技术	1.选种　津优®409、津绿®21-10、德尔79等。 2.育苗 （1）营养土配置　3月上中旬采用72穴塑料穴盘育苗，将草炭和蛭石按2∶1的体积比混合配制成育苗基质，每立方米基质加入有机肥20 kg混拌均匀基质湿度控制在70%。 （2）装盘、压穴　基质装盘时要保持清洁，装平并填满穴盘四周，压穴，压孔深度1 cm～1.5 cm。 （3）播种　每穴点播1粒种子，放在穴孔中央位置，小心刮去多余基质。 3.苗期管理　苗期要进行温度、湿度、病虫害管理。幼苗长至三叶一心时，控温控湿炼苗，准备定植。		1.整地　深耕30 cm以上浅耕整地，耙碎整平。 2.施肥　每667 m² 施充分腐熟农家肥3 500 kg～4 000 kg或精制有机肥200 kg～300 kg，每667 m² 推荐施用氮肥（N）12 kg～20 kg、磷肥（P₂O₅）5 kg～8 kg、钾肥（K₂O）15 kg～24 kg。覆盖地膜待播。 3.节水措施 （1）保水剂　每667 m² 用保水剂2 kg～3 kg与10倍～30倍的干燥细土混匀，沿种植带沟施。 （2）集水窖　配置新型软体集雨窖蓄集自然降水。 （3）节水灌溉　铺设水肥一体化设备。	

彩图20　有机旱作春黄瓜套种秋架豆

4		5			6			7
中	下	上	中	下	上	中	下	上
	谷雨	立夏		小满	芒种		夏至	小暑
幼苗定植期		抽蔓搭架期			开花结果期			

频振式杀虫灯

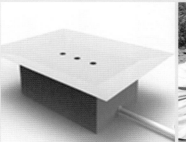

10 m³集雨窖

田间管理

主要病虫害防治

1.定植　4月中下旬晴天定植，每667 m²栽苗3 600株～4 000株。

2.浇水　从定植到采收根瓜浇4次水。定植时浇第1水稳苗，4 d～5 d后浇缓苗水蹲苗，中耕1次，蹲苗结束第3水再中耕，直至根瓜15 cm～20 cm时第4水。

3.搭架　幼苗长至20 cm～30 cm时进入抽蔓期，要及时搭架引蔓上架。

4.追肥　三叶期、初瓜期根据长势适当追肥，盛瓜期根据收获情况每收获1次～2次追肥1次，结合浇水追肥，每667 m²随水追配方肥10 kg～15 kg或增施叶面肥，每次每667 m²追施氮肥（N）不超过4 kg，结果期注重高钾复合肥或水溶肥的追施。

5.采收　根瓜及时采收，促盛瓜期延长。

1.霜霉病　每667 m²用52.5%噁酮·霜尿氰水分散粒剂30 g～35 g喷雾。

2.细菌性角斑病　每667 m²用2%春雷霉素水剂140 mL～210 mL喷雾。

3.白粉病　每667 m²用250 g/L嘧菌酯悬浮剂60 mL～90 mL喷雾。

4.灰霉病　每667 m²用20%嘧霉胺悬浮剂120 mL～180 mL喷雾。

5.枯萎病　每667 m²用2%春雷霉素可湿性粉剂750 g～900 g灌根。

6.蚜虫　每667 m²用40%啶虫脒水分散粒剂4 g～6 g喷雾。

7.根结线虫　每667 m²用20%噻唑膦水乳剂750 mL～1 000 mL灌根。

8.粉虱　每667 m²用40%啶虫脒可溶粉剂5 g～7 g喷雾。

制图：王美玲

标准化种植技术操作流程（黄瓜篇）

月份	6	7			8			9	
旬	下	上	中	下	上	中	下	上	中
节令	夏至	小暑		大暑	立秋		处暑	白露	
生育阶段	播种期			幼苗抽蔓期			开花结荚期		

农机

水肥一体化灌溉设备　　　　绑蔓机　　　　太阳能频振式杀虫灯

生育进程

株距:20cm～25cm

行距60 cm

主攻方向	黄瓜架下套种架豆	田间管理

综合栽培技术

1.选种　晋菜豆2号、晋菜豆3号、中华四季架芸豆、泰国架豆王等高产抗病虫品种。

2.套种　黄瓜采收后期，清除下部叶片，架旁穴播架豆，黄瓜叶可为架豆苗遮阳，黄瓜拉秧后架豆爬黄瓜架。

3.密植　秋架豆生育后期温度渐低，侧枝发育差，可适当增加种植密度或每穴株数。

1.防高温防雨涝　苗期烈日气温高，适时浇水保湿降温，遇降雨及时排涝松土，促植株迅速生长。

2.搭架引蔓　植株长至20 cm～30 cm时搭架且及时引蔓上架。

3.通风透光　后期及时摘除下部老叶、黄叶、病叶。

4.追肥浇水　抽蔓时株旁穴施追肥，667 m² 用碳酸氢铵25 kg，开花期控制浇水，雨后施少量氮肥缓和涝害，防止植株黄化，结荚后及时浇水施肥，每隔7 d浇一水，保持田间见干见湿。

5.采收上市　豆荚长至15 cm左右，荚色发亮时即可采收上市，进入采收期要小水勤浇浅浇，并适量追肥。

彩图 21　有机旱作春黄瓜套种秋架豆

9	10		
下	上	中	下
秋分	寒露		霜降
开花结荚期			

160L型农用植保打药机

DR-202型废膜回收机

病虫害防治	清洁田园

1.锈病 每667 m²用15%三唑酮可湿性粉剂60 g ~ 80 g喷雾防治。

2.蚜虫 每667 m²用25%噻虫嗪水分散粒剂6 g ~ 8 g喷雾防治。

3.白粉虱 每667 m²用25%噻虫嗪水分散粒剂7 g ~ 15 g喷雾防治。

4.斑潜蝇 每667 m²用50%灭蝇胺可溶粉剂25 g ~ 30 g喷雾防治。

5.红蜘蛛 每667 m²用50%螺虫乙酯悬浮剂7 500倍液 ~ 8 500倍液喷雾防治。

6.豆荚螟 每667 m²用5%甲氨基阿维菌素苯甲酸盐微乳剂3.5 mL ~ 4.5 mL喷雾。

生产周期结束后，不降解的地膜要及时清理送回收点，残枝枯叶进行无害化处理。

制图：王美玲

标准化种植技术操作流程（架豆篇）

月份	3			4			5
旬	上	中	下	上	中	下	上
节令	惊蛰		春分	清明		谷雨	立夏
生育阶段			播种期		幼苗期		定植期
农机	穴盘育苗机 起垄覆膜机 吊杯式移栽机						
生育进程				大行距 70 cm 小行距 45 cm 株距 30 cm			
主攻方向	选优种育壮苗			整地施肥适时定植			
综合栽培技术	1. 品种选择　V27、春光 2 号、哈研 3 号进行育苗。 2. 播种期　在早春 1 月—3 月，温度控制在 25 ℃ ~ 30 ℃，空气湿度在 90% 以上进行播种。 3. 苗期管理　穴盘育苗宜选用 50 穴、72 穴穴盘，常采用轻型基质。准备好育苗穴盘，用泥炭土、珍珠岩、蛭石按照相同的比例混合，准备好土壤之后，往里面浇透水，将浸种催芽处理后的种子人工粒播种，或者用种子点播器、手持式精量播种机将种子点播上去，上面覆盖薄土。 4. 育苗　育苗 25 d ~ 35 d，壮苗标准株高 15 cm ~ 20 cm、3 片 ~ 4 片真叶。			1. 深翻 20 cm，耙糖整平，保持土壤疏松。每 667 m² 施充分腐熟有机肥 5 000 kg 以上、磷酸二铵 40 kg ~ 50 kg，硫酸钾 20 kg ~ 25 kg。 2. 地表 10 cm 地温稳定在 10 ℃ 左右，气温在 18 ℃ ~ 20 ℃ 时定植，如地膜覆盖可提前 1 周。选择晴天中午定植。夏季或气温高时选阴天或下午定植。 3. 定植采用大小行栽培，大行距 70 cm、小行距 50 cm，小行起垄，覆盖地膜，每垄定植 2 行，株距 30 cm，每 667 m² 定植 3 600 株 ~ 4 000 株。			

彩图 22　有机旱作黄瓜

5		6			7			8		
中	下	上	中	下	上	中	下	上	中	下
	小满	芒种		夏至	小暑		大暑	立秋		处夏
定植期		伸蔓期			结瓜期			收获期		

软体水窖　　　　　　　　杀虫灯　　　　　手推打药机植保

插架浇水　　　　　　　　病虫害防治　　　　收获储藏

插架浇水	病虫害防治	收获储藏
1.定植后插架,用细竹竿插于瓜秧外侧,架高2 m。 2.从定植到采收根瓜前需浇4次水。定植时浇第1次水,顺水稳苗;栽后4 d～5 d浇缓苗水,开始中耕蹲苗;叶片发深绿色,中午叶片略显萎蔫而傍晚能恢复生机时结束蹲苗,浇第3次水,浇后中耕划破地皮;当根瓜长到15 cm～20 cm长时,采收前1 d～2 d,浇第4次水。 3.黄瓜进入采收期,每隔2 d～3 d天浇1水,小水勤浇,保持土壤湿润。黄瓜全生育期,需追肥3次～4次。进入采收期要结合浇水进行追肥,每667 m²随水追配方肥10 kg～15 kg。定植后及时绑蔓,相隔3片～4片叶绑1次。瓜蔓爬到架顶时打顶,促进产生回头瓜,提高后期产量。	1.主要病虫害是霜霉病用52.5%噁酮·霜脲氰水分散粒剂或80%嘧菌酯水分散粒剂或67%唑醚·丙森锌水分散粒剂 每667 m²用20 g～40 g或10 g～15 g或110 g～140 g喷雾。 2.利用杀虫灯、性诱剂、黄板、蓝板、防虫网、糖醋液诱杀等物理防治方法杀灭害虫。	及时采收,减轻植株负担,以确保商品瓜品质。

制图:李勇

标准化种植技术操作流程

月份	1			2			3			4
旬	上	中	下	上	中	下	上	中	下	上
节令	小寒		大寒	立春		雨水	惊蛰		春分	清明
生育阶段				播种期			幼苗期		定植期	

| 农机 | 旋耕起垄覆膜施肥滴灌一体机 | 吊杯式移栽机 | 软体水窖 |

| 生育进程 | 株距40cm ～ 45cm 行距40cm ～ 45cm | |

| 主攻方向 | 整地施肥选优种 | 适时播种培育壮苗 |

综合栽培技术

1.选择在生态环境良好、无污染的地区，远离工矿区和公路干线，避开工业和城市污染源地块。前茬收获后及时清除枯黄残叶、杂草，耕翻20 cm，耙耱平整后，依照当地种植习惯做畦。定植前结合整地，每667 m² 施优质腐熟有机肥4 000 kg ～ 5 000 kg、尿素5 kg ～ 10 kg、过磷酸钙35 kg ～ 40 kg、硫酸钾8 kg ～ 10 kg，随即入土中。

2.选用抗病、优质丰产、耐储运、商品性好、适应市场的品种。春甘蓝栽培选择耐寒、耐抽薹、早熟的品种；夏甘蓝栽培选择耐热、中熟的品种；秋甘蓝栽培选择耐热、中晚熟的品种。品种主要有惠丰8号、中甘21号。

1.根据栽培季节、气候条件、育苗手段，选择适宜的播种期。浇足底水，水渗后覆1层细土或药土，将种子均匀撒播于床面。播后覆细潮土1 cm左右，用营养钵（袋）育苗，每钵（袋）播4粒 ～ 5粒，覆土0.6 cm ～ 0.8 cm。

2.露地夏秋育苗，使用小拱棚或平棚育苗。夏季也可采用直播方法。秧苗出土前，保持土温17 ℃以上，气温20 ℃以上。一般经3 d即可出苗。秧苗出土后应立即揭膜降温降湿，以防徒长。长出2片真叶即可分苗，分苗后及时覆盖塑料膜保温保湿。使土温保持在8 ℃ ～ 20 ℃，气温保持在25 ℃左右。缓苗后，应揭开塑料膜降温降湿保生根。在定植前，必须达到壮苗标准。

彩图 23　有机旱作甘蓝

4		5			6			7		
中	下	上	中	下	上	中	下	上	中	下
	谷雨	立夏		小满	芒种		夏至	小暑		大暑
定植期	莲座期		结球期				收获期			

杀虫灯　　　　　　　无人机植保　　　　　　　收获机

及时定值施肥　　　　　　　　　　及时收获

1.当幼苗长到6片～7片叶、土壤温度达到12 ℃以上时就可定植。春季定植，应选在晴天无风的中午；夏、秋季定植，则应选在阴天或无风的下午。采用大小行定植，定植苗要带土起坨，尽量保持根部土块完整。

2.定植后，及时浇水，1周后浇缓苗水。中耕3次左右，结合中耕进行蹲苗，结球初期结束蹲苗。结球初期开始浇水施肥，每667 m² 随浇水追施氮肥（N）3 kg～5 kg，钾肥1 kg～3 kg，保持土壤湿润。

3.在结球中期和结球后期结合浇水进行追肥2～3次，收获前20 d停止追肥。主要病虫害有霜霉病、小菜蛾、菜青虫、蚜虫、夜蛾等害虫。用80%代森锰锌可湿性粉剂600倍液喷雾或72%霜脲锰锌可湿性粉剂600倍～800倍液喷雾防治霜霉病。

在叶球大小定型、结球紧实时应及时采收。

制图：李勇

标准化种植技术操作流程

月份	1			2			3			4		5	
旬	上	中	下	上	中	下	上	中	下	上	中	下	上	中
节令	小寒		大寒	立春		雨水	惊蛰		春分	清明		谷雨	立夏	
生育阶段	播种期					幼苗期						定植期		

农机	穴盘育苗机	起垄覆膜机	吊杯式移栽机

生育进程

主攻方向	备优种适时播种	调温育壮苗	整地施肥

综合栽培技术

1.选用优质、高产、抗病虫、抗逆性强、商品性好、耐储运、适合本地栽培、适应市场需求的茄子品种。如晋紫长茄、黑茄黑、晋茄早一号。

2.育苗穴盘通常选用50孔或72孔规格，以50孔穴盘育苗较为适宜，穴盘育苗通常是采取干籽直播方式。

3.播种前先将苗床用温水浇透，然后床土上普撒配制好的药土2/3，播种后再撒1/3的药土和细潮土0.8 cm ~ 1.0 cm，然后盖塑料膜保温保湿。

1.茄子育苗初期主要是温度管理。播种后，床温白天30 ℃ ~ 35 ℃，夜间20 ℃ ~ 22 ℃；出苗后，白天为30 ℃，夜间12 ℃ ~ 20 ℃。采用电热温床育苗的床温较高，水分容易蒸发，可根据土壤墒情补充水分。2片真叶时即应分苗，密度以18 cm见方为宜，分苗后苗床温度白天应保持在30 ℃左右，夜间保持在17 ℃ ~ 20 ℃，缓苗后夜间温度可降至18 ℃，定植前必须达到壮苗标准。

2.壮苗标准　株高15 cm左右，长出7片 ~ 9片真叶，叶片大而厚，叶色浓绿带紫，根系多，无病虫害，无机械损伤。

1.前茬收获后，及时清洁田园，深耕20 cm，耙糖整平。

2.结合整地，每667 m² 施优质腐熟有机肥5 000 kg ~ 6 000 kg，每667 m² 推荐使用N-P$_2$O$_5$-K$_2$O为15-5-5或相近的配方肥40 kg ~ 50 kg。

3.用30%多·福可湿性粉剂（80 g ~ 150 g）/ m² 土壤处理防治猝倒病。

彩图24　有机旱作茄子

5	6			7			8			9		
下	上	中	下	上	中	下	上	中	下	上	中	下
小满	芒种		夏至	小暑		大暑	立秋		处夏	白露		秋分
定植期			开花坐果期					收获期				

软体水窖　　　　　　　杀虫灯　　　　　无人机植保

定植	加强田间管理	采收
茄子定植时间必须是终霜期以后，10 cm 深处的地温稳定在 15 ℃以上。一般采用大垄双行，内紧外松的方法定植，小行距 50 cm。株距 40 cm，用打孔器打孔后，将带有壮苗的土坨栽到埯内，可适当深栽，露出子叶为宜，然后浇水封埯。	1. 浇水提倡膜下滴灌或暗灌。 2. 定植后 4 d～6 d 浇缓苗水，门茄膨大时，结合浇水，追一次"催果肥"，每 667 m² 追施硫酸铵 15 kg～20 kg，或磷酸二铵 8 kg～10 kg。对茄及四门斗茄膨大期每 7 d～10 d 追施一次速效性肥，化肥和有机肥交替使用，每 667 m² 每次追施尿素 15 kg～20 kg，或腐熟饼肥 100 kg。 3. 当门茄长到 3 cm 左右时就可去掉第一侧枝以下的叶片。茄子整枝一般仅把门茄以下靠近基部的几个侧枝摘除，留 2 个～3 个侧枝，以减少养分的无效消耗，并有利于通风透光，在生长中后期，下部衰老枯黄的叶片要及早打掉。 4. 每 667 m² 用 1.5%苦参碱可溶液剂 30 g～40 g 喷雾防治蚜虫。	根据品种特性适时采收，门茄采收宜早不宜迟。

制图：李勇

标准化种植技术操作流程

作业时间	1.播种时间：6月中旬至7月中旬 2.除草时间：出苗后及时中耕除草，每年2次～3次。 3.追肥时间：6月中旬和7月中旬各1次，需要雨前施肥。	
生育阶段	播种期	苗期
农机	1WG2.3-01F型汽油微耕机　　　XMSJ型柴胡播种机　　　播种施肥一体机	
旱作模式与田间长势	行距：20 cm ～ 25 cm　　株距：7 cm ～ 10 cm	
主攻方向	选地整地	直播技术、除草、排灌水
综合栽培技术	选择土层深厚、排水良好、背风向阳、富含有机质的沙壤土。前茬作物选禾本科植物为佳。深耕30 cm以上，每667 m² 施充分腐熟的优质农家肥2 000 kg以上或施用商品有机肥2 000 kg以上，然后旋耕耙糖。	1.直播技术　以条播为主，行距20 cm ～ 25 cm，每667 m² 播种量为4.0 kg ～ 5.0 kg，覆薄土1.0 cm ～ 1.5 cm。 2.除草　2次/年～3次/年。 3.排灌水　雨涝时及时开沟排水。

彩图25　有机旱作柴胡

4.打顶时间：株高30 cm以上时开始打顶。

5.采收时间：种植三年后，于10月中旬至11月上旬、地上部茎叶枯萎后选择晴天采挖。

生长期	成熟期
 太阳能频振式诱虫灯	 柴胡收获机
 追肥、打顶、病虫害防治	 采收、晾晒、储存

1.追肥　每667 m²施用商品有机肥200 kg～300 kg或复合肥40 kg，分2次追施。6月中旬和7月中旬各施1次，雨前施肥。

2.打顶　株高30 cm以上时开始打顶，分2次～3次进行，留高25 cm～30 cm。

3.防治　病虫防治坚持"预防为主、综合防治"的方针，以农业防治为基础，优先使用物理、生物防治。必要时使用化学防治，以上防治方法可以配合进行。

1.采收　种植3年后，于10月中旬至11月上旬，地上部茎叶枯萎后选择晴天采挖。

2.晾晒　选择卫生、洁净、平整的场地晾晒，柴胡根系含水量≤13%即可入库。

3.储存　仓库温度控制在30 ℃以下，相对湿度70%～75%，产品含水量分控制在11%～13%。

制图：樊红婧

标准化种植技术操作流程

作业时间	1.育苗时间：5月中下旬。 2.出圃时间：10月中旬至土壤封冻前，或翌年土壤解冻至种苗发芽前。 3.定植时间：秋季种苗落叶后，土壤封冻前，或春季土壤解冻后，种苗发芽前。	
生育阶段	播种期	苗期
农机	170F型多功能柴油微耕机　　连翘播种机（拖拉机牵引式）	170型多功能施肥机
旱作模式与田间长势		株距：150 cm～200 cm 行距：200 cm～300 cm
主攻方向	选地整地	育苗、定植
综合栽培技术	1.育苗选地　选水源方便、光照充足的地块。前茬以禾本科作物为佳。深耕20 cm～25 cm。 2.定植选地　选择坡度15°～50°的阳坡地、半阳坡地、半阴坡地。坡度大的地块按40 cm～50 cm见方挖鱼鳞坑；坡度小的按水平方向整成小梯田，按40 cm～50 cm见方挖穴，生土、熟土分别堆放。	1.育苗　5月中下旬，作畦，畦宽100 cm～150 cm，种子覆土0.5 cm～1.0 cm。种后盖黑地膜，苗齐后及时去膜放苗。幼苗出土后，及时除草，间苗、定苗，每667 m²留苗4万株～6万株。株高80 cm以上，地径0.5 cm即可出圃。 2.定植　将种苗放入穴中央，下填熟土，上填生土。填土1/3时，向上提苗约8 cm，填土踩实。整成内径50 cm的蓄水盘，再铺1 m²的黑地膜或除草布。定植成活后及时补苗，主干70 cm～80 cm打顶。中耕除草2次/年～3次/年。

彩图26　有机旱作连翘

4.施肥时间：每年4月下旬、6月下旬各1次。

5.修剪时间：休眠期各剪。

6.采收时间：青翘于8月中下旬采收。老翘（连翘）于10月中下旬果实变黄褐色时采收。

生长期	成熟期
 FZ-CD-01型太阳能杀虫灯	 连翘去柄机
 田间管理	 采收、晾晒、储存

1.追肥　每667 m² 施腐熟的优质农家肥2 000 kg或商品有机肥200 kg，成龄树每667 m² 施用腐熟厩肥4 000 kg作基肥，施肥后堆土覆盖。

2.防治　病虫防治坚持"预防为主、综合防治"的方针，以农业防治为基础，优先使用物理性、生物性措施防治。必要时使用化学防治，以上防治方法可以配合进行。

1.青翘　8月中旬至8月下旬，采收尚未完全成熟的青色果实。水煮7 min ~ 10 min或蒸30 min，晒干或烘干。

2.连翘　习称"老翘"，10月中下旬，果实变黄褐色时采收。

3.储存于清洁、通风、干燥、避光、无异味的仓库中，仓库温度控制在30 ℃ 以下，相对湿度70% ~ 75%。产品含水量分控制在11% ~ 13%。

制图：李静

标准化种植技术操作流程

作业时间	1.播种时间：春季3月—4月，夏季5月上旬至7月上旬，秋季8月10日至9月20日，冬季11月10日左右。 2.育苗时间：5月中旬至6月下旬。 3.移栽时间：秋季国庆节前后、冬季土壤未上冻至11月20日前，或翌年土壤解冻至清明节前，植株芽未出绿时。	
生育阶段	播种期	苗期
农机	 PL170型微耕开沟起垄机 　　qysc-bz6型汽油自走式播种机	 电动施肥器
旱作模式与田间长势		株距10 cm ~ 15 cm 垄高20 cm ~ 25 cm 垄宽150 cm ~ 200 cm　　行距30 cm ~ 35 cm
主攻方向	选地整地	直播技术、育苗、定苗
综合栽培技术	1.选地　选择地势干燥、排水良好、阳光充足、土层深厚、富含有机质的轻质黄绵土。 2.整地　起垄，垄宽150 cm ~ 200 cm、垄高20 cm ~ 25 cm、沟宽40 cm。深松耕50 cm以上，翻耕30 cm ~ 35 cm，每667 m² 施充分腐熟的优质农家肥2 000 kg以上，或施用商品有机肥2 000 kg以上，旋耕耙耱。	1.直播技术　直播黄芪多选用条播，行距25 cm ~ 35 cm，每667 m² 播种量8 kg ~ 10 kg，覆土1.5 cm ~ 2.5 cm。 2.育苗　5月中旬至6月下旬，行距15 cm ~ 20 cm，播幅8 cm ~ 10 cm，播种深度2 cm。 3.定苗　幼苗出齐后，结合中耕除草，间苗、定苗。

彩图27　有机旱作黄芪

4.定苗时间：苗高5 cm；间苗时间：苗高10 cm，补苗时间：秋季植株地上部分枯萎后。

5.追肥时间：6月中旬至7月中旬各1次，在雨前施肥。

6.打顶时间：开花前或花期分批将花梗剪掉1次～2次。

7.采收时间：种植4年～5年后、于10月中旬至11月上旬采收。

生长期	成熟期
 太阳能杀虫灯	 140型黄芪收获机
 田间管理	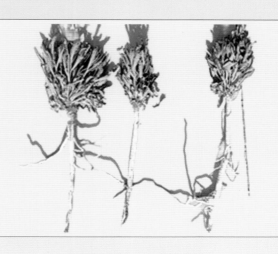 采收、晾晒、储存

1.除草　1次/年～2次/年。

2.追肥　每667 m² 施用商品有机肥150 kg或复合肥40 kg，分2次追施。6月中旬和7月中旬各1次，雨前施肥。

3.打顶　开花前或花期分批将花梗剪掉1次～2次，留高40 cm～45 cm。

4.防治　病虫防治坚持"预防为主、综合防治"的方针，以农业防治为基础，优先使用物理、生物防治。必要时使用化学防治，以上防治方法可以配合进行。

1.采收　10月中旬至11月上旬，地上部茎叶枯萎后用1304型机引式采挖机将黄芪根系完整挖出。

2.晾晒　去净残茎、泥土，切掉芦头，选择卫生、洁净、平整的场地晾晒至根系含水量≤13%即可入库。

3.储存　仓库温度控制在30 ℃以下，相对湿度70%～75%。产品含水量控制在11%～13%。

制图：樊红靖

标准化种植技术操作流程

作业时间	1.播种时间：春播2月下旬至4月；夏播在5月上旬至7月上旬；秋播在"立秋"以后，不晚于9月中旬；冬播在11月10日左右。 2.追肥时间：6月中旬至7月中旬各1次，在雨前施肥。	
生育阶段	播种期	苗期
农机	1LSF-540型深松犁　　　stsc-2型黄芩手推播种机　　　手推式汽油动力追肥机	
旱作模式与田间长势	行距30 cm ～ 35 cm　　株距15 cm ～ 20 cm	
主攻方向	选地整地	播种方法
技术要点	选择地势高燥、排水良好、阳光充足、土层深厚、富含腐殖质的沙壤土。前茬作物选禾本科植物为佳。前茬作物收获后，深松耕50 cm以上，翻耕25 cm ～ 30 cm。每667 m² 施充分腐熟的优质农家肥2 000 kg以上或施用商品有机肥2 000 kg以上，然后旋耕耙糖。	1.直播　采用机械播种，行距30 cm ～ 35 cm，每667 m² 播量2.0 kg ～ 2.5 kg，覆土2 cm。 2.套作　玉米套作黄芩，玉米株高50 cm以上、黄芩行距30 cm，覆土1.0 cm～1.5 cm。

彩图28　有机旱作黄芩

3.打顶时间：开花前或花期分批将花梗剪掉1次～2次。

4.采收时间：种植3年后，于10月中旬至11月上旬采收。

生长期	成熟期
 太阳能杀虫灯	 160型黄芩收获机

田间管理	采收、晾晒、储存
1.除草　除草2次/年～3次/年。 2.追肥　每667 m² 施用商品有机肥200 kg ～ 300 kg或复合肥40 kg，分2次追施。6月中旬和7月中旬各1次，雨前施肥。 3.打顶　开花前或花期分批将花梗剪掉1次～2次，留高25 cm ～ 30 cm。 4.排灌水　雨涝时及时开沟排水。 5.防治　病虫防治坚持"预防为主、综合防治"的方针，以农业防治为基础，优先使用物理、生物防治。必要时使用化学防治，以上防治方法可以配合进行。	1.采收　种植3年后采收，10月中旬至11月上旬，地上部茎叶枯萎后选择晴天采挖。 2.晾晒　选择卫生、洁净、平整的场地进行晾晒，黄芩根系含水量≤13%即可入库。 3.储存　仓库温度控制在30 ℃以下，相对湿度70% ～ 75%，产品含水量控制在11% ～ 13%。

制图：樊红婧

标准化种植技术操作流程

图书在版编目 (CIP) 数据

吕梁市有机旱作农业生产技术规程／牛建中主编
. —北京：中国农业出版社，2023.3
　ISBN 978-7-109-30531-1

　Ⅰ. ①吕…　Ⅱ. ①牛…　Ⅲ. ①有机农业－旱作农业－
农业技术－技术操作规程－吕梁　Ⅳ. ①S343.1-65

中国国家版本馆CIP数据核字 (2023) 第 046794 号

中国农业出版社出版
地址：北京市朝阳区麦子店街 18 号楼
邮编：100125
责任编辑：廖　宁　杨桂华
版式设计：杜　然　　责任校对：周丽芳
印刷：北京通州皇家印刷厂
版次：2023年 3 月第 1 版
印次：2023年 3 月北京第 1 次印刷
发行：新华书店北京发行所
开本：880mm×1230mm　1/16
印张：12.5　　插页：30
字数：405 千字
定价：98.00 元